なんて
中高年のように
なんと
赤ぼけなっつんで
ねたろう…

現代用語の基礎知識・編
おとなの楽習
5

理科のおさらい
物理

自由国民社

装画・ささめやゆき

「もの」の「ことわり」の世界を散策してみよう

　物理を和語で読んでみましょう。「『もの』の『ことわり』」です。私たちが住むこの宇宙を創った神様が『もの』に与えてくれた『すじみち』のことです。その物理を研究対象にする物理学は『もの』の性質を明らかにし、その関係を理解しようとする学問です。「ブツリ」と音読すると難しそうですが、このように大和言葉で読むと、親しみがもてるでしょう。

　ところで、学校で教わる「物理」は難しいといわれ、嫌われています。専門用語や数式が幅を利かせているからでしょうか。同じ理科でも好印象がもたれる生物や化学と比べて、教科書に図が少ないためでしょうか。それとも、話が抽象的すぎるからでしょうか。

　しかし、「『もの』の『ことわり』」と読み替えられる物理は、世に言われるほど難しいものではありません。易しい言葉と簡単なイメージで十分理解できます。加速度を「速度を加えていく割合」と言葉で理解してみましょう。回路を「電子が回る路」というイメージに置き換えてみましょう。物理はたいへん親しみやすいものになるはずです。

　子供の頃には高いと思えたのに、大人になってみると低く感

じられる壁があります。物理もその壁の一つだと思います。子供の頃は難しく思え、勉強に身の入らなかった物理も、いま学習すると意外に簡単で面白く感じられることでしょう。さあ、本書を携えて、壁を越え、その向こうに開ける美しい物理の世界を散策してみてください。易しい言葉と簡単なイメージで、楽しみながら理解できると思います。

さて、「『もの』の『ことわり』」を解明する物理学は、あらゆる科学の基礎になっています。実際、これまでも生命科学や新素材、ナノテクノロジーなど、さまざまな分野で重要な役割を果たしてきました。さらに、『もの』を直接の対象にしない社会科学でも、物理のモデルや理論が応用されてきました。実際、お金の動きを物理学の熱理論で解明しようとした論文が、ノーベル経済学賞を受けています。証券取引所で毎日扱われているオプション取引の理論にも、アインシュタインが解明したブラウン運動が活用されています。このように、物理の考え方、アイデアは、文系理系を問わず、現代を理解する上の必須項目なのです。

物理学はさらに別の角度からも重要な役割を演じようとしています。地球温暖化問題や環境問題といった、現代文明のかかえる深刻で複雑な問題を解決する役割です。二酸化炭素の排出を抑えるための環境技術は物理の知識なくしては考えられません。原子力発電や太陽光発電、燃料電池など、各分野で物理の

知識は大切な役割を演じています。しかし、それ以上に大切なことは、地球的規模の複雑な問題は物理学の描くユニバーサルな視点なくしては解決の糸口がつかめない、ということです。エネルギーバランスや熱平衡など、物理学の提供する基礎的な視点が不可欠なのです。『もの』の『ことわり』について基礎的かつ統一的な見方ができる物理学だからこそ、温暖化問題、環境問題という複雑な問題に正面から取り組むことができるのです。

　数十年前に比べ、物理学は一層大切な役割を担っています。「若いころに嫌いだった」などと言ってはいられません。物理を『もの』の『ことわり』と読み替えて、物理学に再チャレンジしてください。本書が少しでもお役にたてればと祈願してやみません。

　　　　　　　　　　　　　　　　2008年秋　　　涌井貞美

もくじ

「もの」の「ことわり」の世界を散策してみよう……5

第1章　力とつり合い

1　力とはなに？……14
2　力のイメージを図で表現するには……16
3　力の大きさを数値で表すには……18
4　力の足し算は1＋1が2とならない世界……20
5　力は二つに分解できる！……22
6　力はこのときつり合う……24
7　摩擦力が生活を支える……26
8　弾性力がばねの原理……28
9　重力は宇宙を支配する……30
10　身近で働く電気と磁力の力……32
11　原子力の秘密……34
12　面に働く力が圧力……36
13　水中で働く力が水圧、空中で働く力が気圧……38
14　社会に役立つ圧力の性質……40
15　重さと質量の違いは？……42
◆　単位になった人たち1◆　パスカル……44

第2章　運動とエネルギー

16　速さとは、加速度とは？……48
17　運動の相対性と等速直線運動……50
18　力が運動の源……52
19　自由落下を体験……54
20　ロケットの飛ぶしくみ……56
21　遠心力はどこから生まれる？……58
22　理系で用いる「仕事」の意味……60
23　理系で用いる「仕事率」の意味……62
24　てこや滑車で作業が楽になるしくみ……64
25　わかるようでわからないエネルギー……66
26　相対性理論の考え方……68
◆　単位になった人たち2　◆　アンペール……70

第3章　光と色

27　光の正体……74
28　光の速さはどうやって測るの？……76
29　光はどうして屈折するの？……78
30　凸レンズはどうして大きく見せるの？……80
31　虚像と実像の違いは？……82
32　全反射のしくみ……84

33 星はどうして瞬くの？……86
34 蜃気楼はどうして起こるの？……88
35 波長の違いが色の違い……90
36 虹はどうして七色？……92
37 空や海はなぜ青いの？……94
38 夕焼けはなぜ赤いの？……96
39 レーザー光と普通の光とは何が違うの？……98
40 むずかしいカラーフィルムのしくみ……100
◆ 単位になった人たち3 ◆　ガウス……102

第4章　音の波

41 音の正体は振動……106
42 音の性質を調べてみよう……108
43 聞こえない音の秘密……110
44 救急車の通過前後で音が変わる理由……112
45 音の速さはどれくらい？……114
46 音の波と弦の波……116
47 海の波が逆巻く理由……118
◆ 単位になった人たち4 ◆　マッハ……120

第5章　熱と温度

48　熱と温度の正体……124
49　温めるとなぜ氷が水になり、水蒸気になるの？……126
50　水はなぜ100℃以上にならないの？……128
51　熱量はカロリーで表せる……130
52　比熱が大きい物は温まりにくく、冷めにくい……132
53　海の近くの気候が温暖な理由……134
54　温度が下がると熱はどこにいくの？……136
55　温度はどこまで下がるの、上がるの？……138
◆　単位になった人たち5◆　ジュール……140

第6章　電流とそのはたらき

56　電流は何が流れるの？……144
57　導体、半導体、絶縁体の違い……146
58　回路ってなに？……148
59　電気の圧力に注意……150
60　電気抵抗は電流の摩擦……152
61　アルカリ電池とマンガン電池と充電池……154
62　直列は電流が一定、並列は電圧が一定……156
63　電流を流して発熱する量は？……158
64　電力は電気のする仕事率……160

- **65** 電子は見えるの？……162
- **66** 静電気はこうして生まれる……164
- **67** 電気はどうやって溜めるの？……166
- **68** 地球は磁石……168
- **69** 電流は磁界を生む……170
- **70** 電流は磁界から力を受ける……172
- **71** 磁界の変化が電流を生む……174
- **72** 電波は電気の波？……176
- **73** モーターはなぜ回るの？……178
- **74** デジタル放送とアナログ放送の違いは？……180
- **75** 交流電流の秘密……182
- ◆ 単位になった人たち6 ◆　ワット……184

さらに理解を深めるための参考図書案内……186
あとがき……187

◆コラムイラスト◆ たむら かずみ
◆章扉イラスト◆ コヅカクミコ

第1章 力とつり合い

1. 力とはなに？

　スペースシャトルが轟音とともに空へ消えていくとき、水中で手足を動かすとき、何かを抱えて持ち歩くとき、そこに「力」が働いています。しかし、「力」は目に見えません。では、「力」とは何なのでしょうか。

　理科の教科書には、「力」についていろいろと書かれてあります。それぞれの力には様々な種類がありますが、力の大まかな意味はどれも同じです。

　地面を滑らずに歩けるのも飛行機が空を飛べるのもすべて「力」のおかげです。「力」とは「物体を変形させたり、その速度を変化させたりする原因となるもの」と定義できます。これは**「ものの形を変えたり、ものの速さを変えたり、向きを変えたりする原因となるもの」**と言い換えることができ、一言で言うと、「物体の状態を変化させる能力」を力と呼ぶのです。

　一方、相撲で力士が互いにがっぷり四つに組み合って全力で勝負しているのに、二人とも一歩も動かないときのような場合を、物理学では「力」が「つり合っている」と呼びます。このときは状態を変えようとするものがいくつかあるせいであり、力が作用している特別な場合だと考えます。

　物理学の対象となる力で、身近に感じられる力をいくつか挙げてみましょう。これらの性質や原因については後に詳しく調

べることにします。

《摩擦力》

進む方向や加える力に対して反対方向に働き、それを阻止しようとする力。

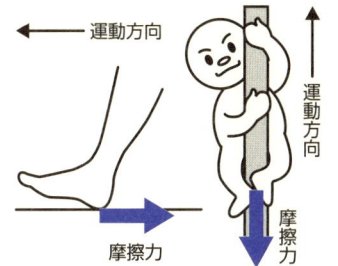

《弾性力》

伸び縮みや、へこみなど、元の形に戻ろうとする力。
（例：ばね）

《重力》

地球がものを引き付ける力。「落ちる」力の原因。地球ともの以外に、すべての物質の間に働く力であることを発見したのはニュートン。

《電気力》

電気の間に働く力。この力は化学反応のような小さな世界で主役となる。

《磁力》

磁石の間に働く力。地球も大きな磁石であることはよく知られている。

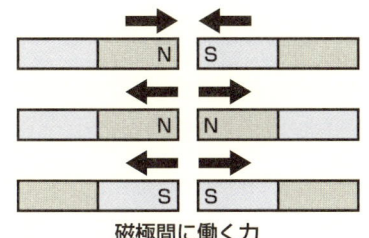

磁極間に働く力

2. 力のイメージを図で表現するには

　前項では、物理学での身近な力の例について見ました。しかし、力は目には見えないこともあり、人に説明したいときにとても困ります。ある「力」の様子を人に伝えたいとき、何を伝えればよいのでしょうか。

　実は、伝えておくことは三つだけです。「**作用点：力はどこで働いているのか**」「**大きさ：力の強さはどのくらいか**」「**方向：力はどっちへ向かっているのか**」の三つです。文字で書くとややこしいのですが、矢印を使うととてもわかりやすく表現できます。

《**力の三要素**》
作用点：矢印の根元
大きさ：矢印の長さ
方向：矢印の向き

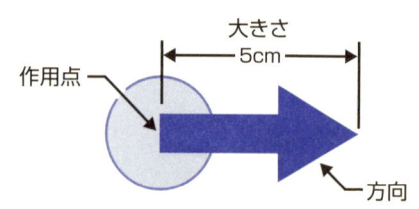

　例えば、パンダとハムスターが箱を押しているときの力を考えて見ましょう。パンダは背が高く、箱の上の方を押しています。また、ハムスターより力が強いです。これは矢印をパンダの手のひらから長く伸ばして描けば伝えられます。図の矢印を見れば作用点の場所がパンダはやや上、ハムスターはやや下あたりであることがすぐにわかります。

また、矢印は直接触っていない力を表すこともできます。リンゴが地球の重力に引かれて落ちていくとき、リンゴ全体が地球に引かれているので、矢印はリンゴの中心から地球の中心へと伸ばします。

　このように、矢印を使うと比較的簡単に「力」を図で表現することができます。そして、矢印のありがたさが最もよくわかるのは、よりたくさんの力が一つのものに働いた場合です。このとき、矢印を使うと、結局そのものがどっちへ行くのかがわかります。矢印で「力」を表すのは、人類の偉大な発明の一つと言えるかもしれません。

《パンダとハムスター》
パンダはハムスターより大きな力で、少し上の方に力を加えている。

《リンゴと地球》
リンゴは地球の重力に引かれて落ちていく。

3. 力の大きさを数値で表すには

　日本では人の身長を測るとき、「メートル」を使いますが、アメリカなどの国では「フィート」を使います。同じ人の身長でも単位によって数字が変わってきます。

　力は矢印で表すと便利であることがわかりました。力がどのくらい強いかというのは、矢印の長さとして表現しました。これは矢印の長さの違いで二つの力の大きさを比べることができるということです。では、一つの矢印があったとき、その力の大きさがどのくらい大きいのかを知りたいときは、どのようにすればよいでしょうか。

　そのための方法が「力を数値で表す」という方法です。長さを測るとき、「1メートル」の長さが実感できていれば「10メートル」の長さも想像できます。ですので、何らかの力の大きさを基準として、それを実感することができれば、実際の力の大きさを実感することができます。長さを測るとき「メートル」と「フィート」があるように、力の大きさも複数の基準があります。ここでは「kg重（きろぐらむじゅう）」と「N（にゅーとん）」について話をすることにしましょう。

　「kg重」は日常生活でなじみ深い単位（基準）です。水1ℓを手で持ったとき、腕にかかる力の大きさがだいたい「1kg重」です。体重計に乗ったときに出る数字「kg」とは「kg重」

を意味しています。物理学において、力の大きさを実感するためには、矢印の長さと力の大きさを対応させます。例えば、「矢印の長さが1cmのとき、力の大きさは10kg重である」と約束しておけば、ある力の矢印の長さが2cmであれば、力の大きさは20kg重であることがすぐにわかります。

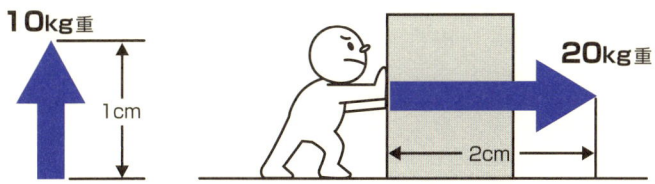

もう一つの単位「N（ニュートン）」は、物理学の世界ではよく使われる力の単位です。世界中の人が同じ単位を使った方が便利なので、力の大きさの単位はこの「ニュートン」で統一しましょうということになっています（国際単位系（SI））。1Nはだいたい小さなリンゴ一つを手に持ったときに腕にかかる力の大きさと等しいです。

この本では、わかりやすさを優先して「kg重」を使うことにします。なお、1kg重は約9.81Nです。

物理学では、その分野で顕著な成果を上げた人の名前を単位にすることが多く見られます。力の単位として、万有引力を発見したニュートンほど相応しい人物はいないでしょう。リンゴ一つの重さが1ニュートン、なのですから。

4. 力の足し算は1+1が2とならない世界

　忙しいとき、自分が二人いれば物事が2倍早く終わるかもしれない、と誰もが一度は思うのではないでしょうか。けれど、自分が二人いると、お互いが足を引っ張り合って、2倍も早くは終わらないかもしれません。

　「力」も、同じ大きさの力が二つあっても、必ずしも2倍の力にならない場合があります。

　お祭りでみこしをみんなで担いだとき、後ろから押すだけの人がいた場合を思い浮かべてください。その人がいくら押しても下で担いでいる人の大変さは変わりません。これは、「力」には向きがあるからです。

　みこしの問題を簡単にするために、一人が担いで一人が後ろから押している状況を考えてみましょう。その二人がみこしに加えている力を図にしてみました。

　ここで、この二つの矢印を一つの矢印で表してみましょう。二つの力を合わせた力を**合力**と呼びます。さらに、簡単にするためにみこしの代わり

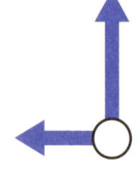

にボールで考えます。

　この二つの矢印を一つの矢印で表すには、矢印をそれぞれ辺とした平行四辺形を書きます。すると、その対角線が合力になります。今回の場合は直角なので長方形の対角線が合力です。

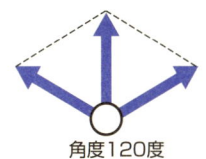

角度0度　　　　　　角度60度　　　　　　　角度120度

　この平行四辺形を使うと、面白いことが言えます。対角線の長さが同じで形の異なる平行四辺形というのはたくさんあります。辺と辺の間の角度が異なる三つの平行四辺形を描いてみます。そして、二辺のつくる矢印の長さに注目してみましょう。角度が0度の場合は短い矢印が二つですが、角度120度では合力よりも長い矢印が二つになっています。これは、せっかく大きな力で引っ張っているのに合わせたら小さな力になってしまっている例です。

　このように、平行四辺形を書いて合力を求められることを**平行四辺形の法則**と呼びます。

5. 力は二つに分解できる！

　宝くじを買うとき、10万円が当たったら3万円分服を買って残りの7万円でおいしい食事をしよう、などと、当たったらあれを買ってこれを買って、と想像します。同じお金でも使い道は人それぞれです。

　「力」も使い道を考えることができます。つまり、ある一つの矢印で表されている力を、二つに分解することができるのです。また、どんな方向へ力を二つにわけてもかまいません。

　道路のくぼみにはまって動けなくなった車を後ろから押すときを考えます。図の人のように、車を斜めに押してしまったら、車を動かすのに随分な苦労をします。

　今、この人の斜めに押している力が、実際車を前に進ませる力としてどのくらい大きいのか、を考えてみましょう。

　二つの力を一つの力に合わせたとき、平行四辺形の法則を使いました。一つの力を二つに分けるときも、平行四辺形の法則が使えます。斜めの矢印を上向きと横向きの力に分解することを考えます。まず、斜めの矢印が対角線になるような長方形を描いてみます。そして、図のように左と上の辺に沿って矢印を伸ばします。すると、これら

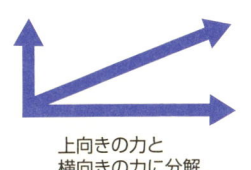
上向きの力と横向きの力に分解

二つの矢印が示す力は、元の力を分解したものになっています。このような力を**分力**と呼びます。

一つの力を二つの力に分解するとき、平行四辺形の法則を使えば、自分の好きな方向の力二つに分解できます。

下の図は、同じ力を異なる方向に分解した例です。どんな方向に力を分けても、平行四辺形の辺の長さが力の大きさに対応します。後ろ向きの力に分けると、その分前向きの力の大きさが大きくなっているのがわかると思います。

また、この図は、白矢印の力二つを合わせて黒矢印の力一つを作った、と見ることもできます。これは、**合力と分力は逆の関係**になっていることを示しています。

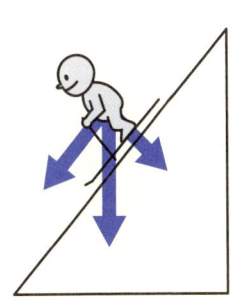

スキー場の斜面で、勢いよく滑りはじめるかどうかを調べるには、自分の重力を斜面に沿う向きと地面に垂直な向きに分解します。斜面の勾配が急になると前に進む力の方が強く、支えなしでは非常に危険になるのがわかります。

6. 力はこのときつり合う

　動かずにたくさん食べれば太り、あまり食べずに動き続ければ痩せると言われています。食べる量と体が消費する量が同じであれば体重は増えも減りもせず、体重のつり合いがとれている状態でしょう。

　「力」が「つり合っている」ときも同様で、見た目には何も変わらない状態です。

　「力」とは「ものの形を変えたり、速さや向きを変えたりする原因となるもの」という意味がありました。しかし、二つの力の大きさがちょうど同じで向きが反対の場合、形も速さも向きも変わりません。力は確かにあるのですが、見た目には何もおこっているようには見えないのです。

　二つの力の大きさがちょうど同じで向きが反対という状況は、一見特殊な場合であるように思えるかもしれません。しかし、世の中のほとんどのものは何らかの力が「つり合って」います。

　机の上のペンを見てください。ペンには重力が下向きに加わっています。もし重力の他に何も力が働いていなければ、ペンは落ちていくでしょう。しかし、ペンがそこに動かずにある、と

いうことは、何か上向きの力が加わって「つり合って」いる状態にある、ということです。ペンに加わっているこの上向きの力を**抗力**と呼びます。ペンの重力は机をへこませようとするのですが、ものにはへこむともとに戻ろうとする力（弾性力）が働くので、これが抗力となって重力とつり合います。机も精密に測定すればへこんでいるのです。

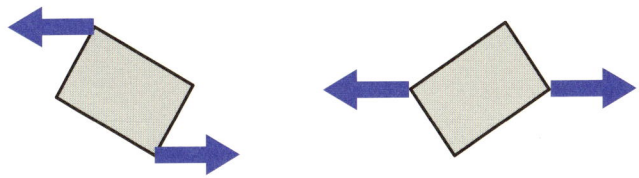

　実は、力のつり合う条件は、大きさが同じで向きが反対である、の他にもう一つあります。そのもう一つの力のつり合い条件を実感するには、この本の角を図の左のように持って引っ張って下さい。すると、図の右のような形で止まると思います。左右の図とも、大きさが同じで向きが反対の力を加えていたのですが、右だけがつり合っています。これは、つり合うためには、「**大きさが同じ**」「**向きが同じ**」の他に「**二つの力が一直線上にある**」という条件が必要だからです。

　動かなければつり合っていて、つり合っていれば必ず二つの力があるのです。

7. 摩擦力が生活を支える

　冬の寒いとき、手のひらに息を吹きかけて両手をこすり合わせたことはありませんか？　手と手をこすり合わせると暖かくなります。

　「**摩擦力**」とは文字通り「こすったときに起きる力」です。地面に置かれたものを押すとき、ものと地面との間に摩擦力が働きます。図のように、力をかけた方向とは逆向きに働き、運動を妨げようとします。そしてそのとき、熱が発生します。両手をこすり合わせると暖まるのは、摩擦力が生み出した摩擦熱が発生しているからです。

　地面の上に置いた物体と地面との間にかかる摩擦力は、その物体が重ければ重いほど大きくなります。物体があまりにも重いと、力を加えても動かない場合があります。このときかかっている摩擦力を**静止摩擦力**と呼びます。物体が動かないということは「つり合っている」ということですから、**静止摩擦力は加えた力と同じ大きさです**。力を強くして、ある力の大きさに

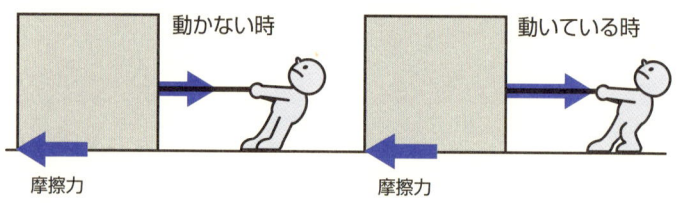

達すると物体は動き始めます。このときはつり合っていないので、摩擦力よりも加えた力の方が大きいのです。物体が動いているときにかかる摩擦力を**動摩擦力**と呼びます。

　力の大きさが、物体が動くか動かないかぎりぎりのとき、最も大きな静止摩擦力が働いています。そして、物体が動き始めた瞬間、動摩擦力に切り替わります。物体を引っ張り続けていると動き始めた瞬間に楽になるというのは動摩擦力の方が最大の静止摩擦力より小さいからです。

　摩擦力は運動を妨げるので、悪い印象を持つかもしれませんが、実は生活の様々なところで役に立っています。

　例えば、車は地面との摩擦が無ければ動きません。タイヤに後ろ向きの力を加えるので、摩擦力は前向きに働き、車は前に進みます。氷の上や雪の上で車が滑るのは摩擦力が小さいからです。駅の自動改札機で入れた切符がきちんと出てくるのは切符と改札機のローラーとの間に摩擦力が働くためですし、大根おろしが食べられるのも摩擦力のおかげです。

　人間は様々なところに摩擦力を応用して、生活を豊かにしてきました。どのような場所で摩擦力が応用されているか考えてみると、面白いかもしれません。

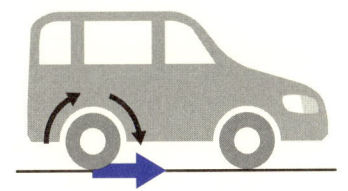

8. 弾性力がばねの原理

　ボーリングのうまい人は、とてもきれいなフォームでボーリングの球を投げます。スゥーと手から離れ滑るように放たれた球は、見ていて気持ちがいいものです。一方、初心者の人は、投げた球が床に落ちたとき、ズドンという音がして、ゴロゴロと転がっていきます。

　ボーリングの球は、ズドン、ゴロゴロという音が示すように、ほとんど跳ねません。一方、バスケットやサッカーのボールはよく跳ねます。何が異なるのでしょうか。

　跳ねないものには二種類あります。ボーリングの球のようにとても硬いもの、お手玉のように柔らかいもの、の二種類です。一方、バスケットボールなど跳ねるものの多くは、手で押すとへこみ、離すとすぐに戻る性質があります。

　離すとすぐに戻るということは、押している間は押す力に反発する力があるということです。手を離すとその力がボールをもとの形に戻そうとします。この、**「伸びたり縮んだりへこんだりしたときに、もとに戻ろうとする力」**を**弾性力**と呼びます。この力はあらゆる形あるもの（固体）に備わっている性質

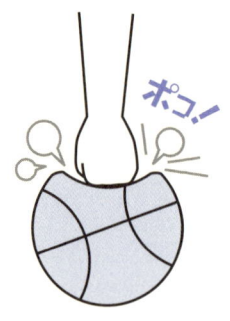

です。同じものなら、ある限界を超えなければ変形させられればさせられるほど、この力は強くなります。

　ボーリングの球の場合は、硬すぎるせいでそもそもへこまないので、弾性力が弱いと言えます。また、お手玉の場合は、柔らかいせいでもとに戻ろうとする性質が弱いため、弾性力が弱いのです。

　さて、「ばね」は、押して離しても、引っ張って離しても、結局もとに戻る性質があります。これはもとに戻ろうとする力が働いているために戻るのですから、弾性力がばねをばねたらしめている原因です。

　逆に、「押して離しても、引っ張って離しても、結局もとに戻る性質」さえあれば「ばね」になります。あらゆるものに弾性力が備わっているのですから、どんなものだって「ばね」になります。例えば、ボールを縦に積んで筒に入れたものも、ばねになります。

　もちろん、「ばね」として実用になるためには、輪ゴムなど、弾性力が強いものがよいのは言うまでもありません。

9. 重力は宇宙を支配する

マジシャンが人を宙に浮かべると、「なぜ浮くのだろう」と驚きます。けれど、水面に浮かべても驚く人はいません。これは普段、私たちが手を触れずにものを動かすことができないからです。もし手品師が人を掴んで宙に浮かせているのなら、「持ち上げているだけじゃないか」と思われてしまってマジックになりません。

片手でこの本を持ったまま、その腕を地面と水平に持ち上げてじっとしてみてください。本から下向きの力を受けていることが実感できると思います。また、そのまま1時間じっとしていることはとても難しいです。

この力を「**重力**」と呼びます。「**地球がものを引きつける力**」です。また、本から手を離せば地面に落ちることからわかるように、この力は離れたものにも働きます。

ニュートンが発見したこの力は、**すべての物質の間に働く力**です。私たちも地球とこの力で引っ張り合っています。地球が引っ張って人が引っ張られるように思ってしまいがちですが、人も地球を引っ張っています。

リンゴが地球に重力で引っ張られているところを思い浮かべてみましょう。リンゴは小さいので、とても地球を引っ張っているように思えません。では、リンゴを大きくしてみましょう。どんどん大きくしていきます。もし、地球と同じくらいリンゴが大きければ、もはやどっちが引っ張ってどっちが引っ張られているかわからなくなります。つまり、どっちも引っ張り合っています。

　ニュートンより前には、地上界と天界の法則は異なっていると思われていました。古代ギリシャのアルキメデスの頃は、天界は完璧であり、星々は完璧な円を描いて空を回っていると考えられていました。ニュートンは、リンゴを落とす力も、太陽が惑星を回す力も、どちらも同じ力（**万有引力**）であるということを発見したのです。

　重力は、「**斥力(せきりょく)がなく、引力しかない**」という性質を持っています。斥力とは互いに遠ざけようとする力です。つまり、二つの物体は互いに反発することはなく、つねに引っ張られています。他の多くの力は斥力も引力もあります。重力のこの性質のおかげで、遠く離れた星々は互いに引っ張り合いができます。宇宙の運動は重力が支配しているのです。

　宇宙には、ダンスを踊るようにお互いに回り合う双子星というものがあります。もし月が地球と同じくらい大きかったら、重力でお互いが引っ張り合っていることを実感として理解できたかもしれません。

第1章　力とつり合い

10. 身近で働く電気と磁気の力

　冬の乾燥した時期、セーターを脱ぐとバチバチと音が鳴るときがあります。車に乗っているとき、髪の毛が逆立って車の天井にくっつくことがあります。小さい頃、下敷きをこすって髪の毛を逆立たせて遊んだことがあるでしょうか。これらはすべて、静電気の力が原因です。

　電気にはプラスとマイナスがあるというのは、どこかで聞いたことがあると思います。プラスとマイナスはお互いに引き合い、プラスとプラス、マイナスとマイナスのように同じ種類のものだとお互いに遠ざけ合います。つまり、電気の力は重力と違い、**引力になることもあれば斥力（せきりょく）にもなる**性質があります。

　一方、磁気の力と言えば、磁石を思い浮かべるかと思います。壁や机や冷蔵庫に磁石を貼り付けてメモを挟む方も多いでしょう。そのほかには、小さなねじが無くならないようにドライバーの先が磁石になっている場合があります。このように何かをくっつける用途に使われることが目立つ磁気の力ですが、磁気の力も電気の力と同様に遠ざけ合う力も働きます。磁石にはN極とS極があり、N極とS極はお互いに引き合い、N極同士、S極同士は遠ざけ合います。

　磁石は、メモを挟んだりねじを回したりするときだけ使われているわけではありません。他にも様々な用途で使われていま

す。**磁石には二種類**あり、つねに磁石である**永久磁石**と、電流を流したときにのみ磁石になる**電磁石**があります。電磁石は電流のスイッチのオンオフで磁石のオンオフができますから、とても便利に使うことができ、様々な場所で使われています。例えば、物を持ち上げるときに電流を流し、離したいときに電流を切れば、ものを摑んで移動することができます。また、モーターも電磁石の力で動いています。

電気の力と磁気の力は別もののように思えますが、**実は同じ力**であることがわかっています。ですので、これらの力を**電磁力**と呼びます。

さて、以前の項で述べた「重力」と、ここで述べた「電磁力」は、どちらが強いでしょうか。これは、磁石が物を持ち上げられるという事実から簡単にわかります。図のように、大きな磁石に小さな磁石がくっついて持ち上がっているとき、小さな磁石にかかっている重力は、大きな磁石の磁気の力より弱いです。小さな磁石にかかっている重力は、地球が引っ張る力です。地球が引っ張る力よりも大きな磁石が引っ張る力の方が強いので、小さな磁石は持ち上がっています。**電気と磁気の力は重力よりも圧倒的に強い**のです。

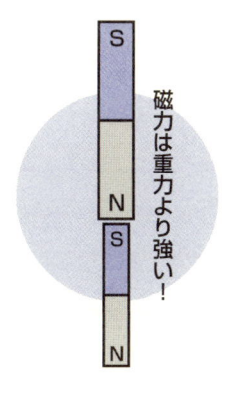

磁力は重力より強い！

11. 原子力の秘密

　原子力というと、多くの人が漠然とした不安を持っています。日本人であれば、第二次世界大戦中に広島と長崎に落とされた爆弾が原子爆弾であることを知らない人はいないでしょう。また、1986年にロシアのチェルノブイリ原子力発電所が爆発を起こし、広範囲に放射性物質をまき散らしました。

　包丁は料理を作るためには欠かせない道具ですが、扱い方によってはけがをしてしまいます。人が作った道具というのは、良いことにも悪いことにも使えてしまいます。

　ここでは、原子力発電の是非については置いておき、「そもそも原子力って何だろう」という疑問を考えることにします。

　摩擦力、弾性力、重力、電気と磁気の力（電磁力）など、世の中には様々な力があることをみてきました。物理学者たちは、力の原因を探っていくうちに、**力は実は四種類しかない**ということに気づきました。四つの力とは、「**重力**」「**電磁力**」「**強い力**」「**弱い力**」です。例えば、人間が押す力は、筋肉による力ですが、もとを辿ると化学反応であり、化学反応は電磁力がもとになっています。

　原子力とは、「強い力」が原因です。強い力は核力とも言います。強い力は電磁力の約100倍大きな力です。しかし、1000兆分の1mより遠いところには力を及ばせることができません。

原子は電子と原子核で作られています。原子核は陽子と中性子によって作られています。電子はマイナスの電気を持ち、陽子はプラスの電気を持ちます。ですので、電子と原子核はお互い異符号の電気なので引力になっています。しかし、原子核の陽子は一つ一つプラスなので、電気力は斥力です。原子核が飛び散ってしまわないのは、電気力より強い「強い力」が引力になっているからです。

　引っ張った輪ゴムを真ん中で切ると飛んでいこうとするのと同じように、中性子と陽子の固まりである原子核が割れて二つの原子核になると、大きな力が出ます。これが原子力です。ウラン等のある種類の原子核は、一つの中性子をどこからかもらうと、不安定になって割れます。割れるときに、中性子が２、３個飛び出ていきます。飛び出た中性子を他のウランが受け取ると、また割れます。この反応を一瞬で行うと一気にたくさんのウランが割れるので、爆弾になります。ゆっくりと行うと、原子炉になります。

　物がゆっくり燃えれば燃焼、激しく燃えれば爆発と呼びますが、それと同じです。火を焚くとつねに爆発するわけではないのと同じで、きちんと注意すればゆっくりと燃やすことができます。

12. 面に働く力が圧力

　包丁は、ずっと使っていると刃先がなまってきて切れなくなります。研いで鋭くさせてやると、また切れるようになります。さて、そもそもなぜ、鋭くすると切れるようになるのでしょうか。

　私たちは、経験としてより細いものはより深く刺さることを知っています。同じ力を加えても、鉛筆の先よりも針の先で押した方が痛いです。細いものの方が物体を壊すことができます。つまり、力がより小さな領域にかかったときとそうでないときでは違いがあるということです。

　この違いを「**圧力が違う**」と言います。圧力とは、「**単位面積あたりにかかる力**」のことです。言い換えれば「狭い面積にどのくらい力がかかっているか」という**力の効果**を計る指標のことです。

　体重計に乗って両足で立っているとき、体重は二つの足の裏にかかっています。ここで片足を上げても、体重計の数字は変わりません。しかし、両足で立っているときよりも足の裏が痛くなっています。これは、力が変わっていなくても圧力が変わった例です。

　机に置かれたペンには重力と抗力がかかって力がつり合っていることは以前述べました。では、ものすごく重いペンが机の

上に乗っていたらどうなるでしょうか。そのペンは横に置いている時は普通に置けたとしても、縦にしてペン先を下にすると机に穴を開けてしまいそうです。さらに重ければ机を貫いて地面に刺さってしまうでしょう。このとき、机がペンに及ぼした抗力は重力に負けてしまっています。同じ力でも狭い面積に及ぼした場合に圧力が大きくなるわけですから、圧力が抗力に勝った、とも言えるでしょう。

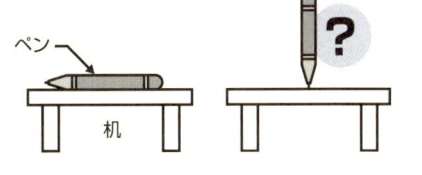

刃先を鋭くすると包丁が切れるのは、刃先が接触する面積が小さくなり、圧力が大きくなったからです。ものの抗力に包丁の圧力が勝てば、包丁はものを切ることができます。

圧力は、力の働く面積が小さいほど大きく、力そのものが大きいほど大きくなりますから、

圧力（力の効き目）＝力の大きさ÷面積

という公式で表されます。

ペンを両側から押さえたときの力を描くと図のようになります。面積が広いときは矢印の数が増えますが、その分一本の矢印の長さが短くなります。しかし、長さを足し合わせると右の矢印と同じ長さになります。両側の力の大きさは同じです。

13. 水中で働く力が水圧、空中で働く力が気圧

　組体操でピラミッドを組むと、たいてい体の大きい人が一番下になります。一番下の段の中で一番辛いのは、真ん中にいる人で、この人は力の強い人でなければなりません。一方、一番上の人はバランス感覚さえあれば力が弱くても大丈夫です。一番下の真ん中の人が一番辛いのは、上の人の体重を支えているからです。

　さて、ここで、上に乗っている人全員の体重分の重さの水を用意し、それを一番下の人に背負わせる状況を考えてみましょう。図のように、水は筒の中に入れ、人とは丈夫な板で隔てられているとします。このとき、人は図の矢印のような力を感じています。ゆっくりと板をはずすと、水はこの人の周りになだれ込み、図の右のような状況になるでしょう。

　最初この人が受けていた力の矢印はどこへ行ったのでしょうか？　彼にとって状況の違いは周りに水があるかないかだけです。地球上にいる限り水は重力を受けており、力が消えてなくなることはないはずです。

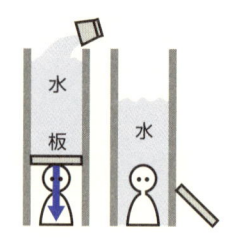

　力は、水圧として彼に働いています。そして、彼が受けている水圧の大きさは、上

にのしかかっている水の量で決まっています。また、水は彼の周りにあるので、水圧は彼の周りすべてに働いています。水圧は全身にまんべんなくかかっていますから、彼はさっきよりも楽になっています。

のしかかる水の量は深ければ深いほど増えますから、「**水圧は深いところほど大きい**」と言えます。また、実は、「**水圧は深さが同じ場所であれば同じ大きさ**」と言うことができます。例えば、平らな海底に寝転がったとき、足の先から頭の先までほぼ同じ大きさの水圧がかかっているのです。

深いほど水圧が大きいことは、ペットボトルを用意して実験すると確かめることができます。高さの異なる三ヵ所に穴を開けて水を入れると、下の穴ほど強く吹き出ます。

ここまで水中での話をしてきましたが、空気中でも状況は同じです。水中では水圧が働くのと同じように、空気中では気圧が働きます。そして、気圧の大きさは上にのしかかっている空気の量で決まっています。普段は実感しませんが、私たちはつねに厚さ数十kmの空気を支えているのです。

飛行機に乗ると耳が痛くなるのは、耳の中と外の気圧が異なるためです。上空の方がのしかかっている空気が少ないため気圧が低く、耳の中に残っていた空気は地上と同じ気圧のため、鼓膜が外に膨らみます。つばを飲み込んで治るのは、このとき鼻と耳の空気が繋がって気圧が同じになるからです。

14. 社会に役立つ圧力の性質

　車の運転がうまい人はブレーキの扱い方もうまいものです。ブレーキの踏み方が下手だと、止まるときにガクンと止まってしまい、後部座席の人が大変な目に合います。

　運転するとき何気なく踏んでいるブレーキですが、そもそもなぜ踏むと車の速度を遅くすることができるのでしょうか。もちろん、タイヤの回転をゆっくりにして最後には止めてしまうから車は止まります。しかし、物凄い速さで回転している車のタイヤを軽くブレーキを踏んだだけで止めることができるのは不思議です。

　車のブレーキには、**パスカルの原理**という圧力の性質が使われています。「パスカルの原理」とは、「密閉した容器内の静止した流体中では、一点に圧力を加えると、流体中のどの点にも、加えられたのと同じ大きさの圧力が伝わる」という原理です。簡単に言えば、「**どこかを強く押せば、その圧力が全体に広がる**」という原理です。

　これは家でもできる簡単な実験で確かめることができます。水圧のときと同じように、ペットボトルに三つ穴を開けて水を入れます。ペットボトルの横を強く押すと、それぞれの穴から出

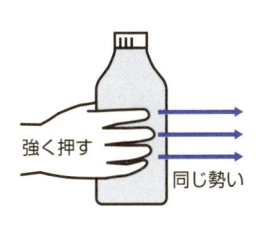

る水の勢いはどうなるでしょうか。図のように三つの穴で同じ水の勢いになります。水の勢いが同じということは、そこでの圧力が同じということです。強く押せば押すほど強く水が吹き出ます。これがパスカルの原理です。

パスカルの原理を使うとなぜブレーキでタイヤの回転を止められるのでしょうか。それは、パスカルの原理を使えば**「力を大きくすることができる」**からです。「押した圧力と同じ大きさの圧力が容器にかかる」のがパスカルの原理でした。力を大きくするには、図のように一つのピストンに三つのピストンをつなげます。一つのピストンに力を加えると、圧力がかかります。この圧力はそれぞれのピストンで同じ大きさです。ですので、ピストンが三つある分、3倍の力が出ています。足でブレーキを踏んだ力が、このパスカルの原理によって数倍に増幅され、高速回転する車のタイヤを止めることができるのです。

この原理は、工事用機械の油圧ジャッキにも用いられています。

15. 重さと質量の違いは？

　宇宙飛行士の訓練の一つに、水中での船外活動訓練があります。宇宙では重さを感じません。宇宙と同じ環境を地球上で作るのは大変なので、水の浮力を利用して船外の環境に似せています。

　「重さ」とは、測る場所によって異なります。私たちが重さを感じるのは、私たちが地球の重力に引っ張られているからです。もし、体重が60kg重の人が月に行けば、月の重力は地球の六分の一ですから、体重計は10kg重を指します。

　たとえ月の上だろうと宇宙空間だろうと、本人自体は何も変わっていないはずです。周りの環境が変わると「重さ」は変わってしまいますから、周りの環境が変わっても測れる指標があると便利です。

　「**質量**」とは「**物質そのものの量**」という、周りの環境に依らない量で定義されています。同じ重さの小さな金のネックレスと同じ重さのかさばる紙束は、同じ「質量」です。金も紙も世の中の全ての物質は原子核とその周りを回る電子でできています。金と紙の違いは、原子のつまり方の違いであって、原子核と電子の総量は、重さが同じであれば同じです。この総量が「物質そのものの量」です。測る単位は「キログラム(kg)」です。

　実際には、原子核や電子は数が非常に多く、数えることが難

しいので、質量を測るには別の方法を使います。

重さ60kg重の人は月では重さ10kg重になってしまいますから、弾性力の大きさで測るバネばかりや体重計では、月と地球で示す値が変わってしまいます。

質量を測るためには「二つの重さを比較する」天秤を用います。質量がよくわかっている分銅を片方に載せてつり合わせて測ります。地球上でも月の上でもつり合わせる分銅の量は変わりません。なぜなら、月の上では分銅の重さも同じように小さくなっているからです。

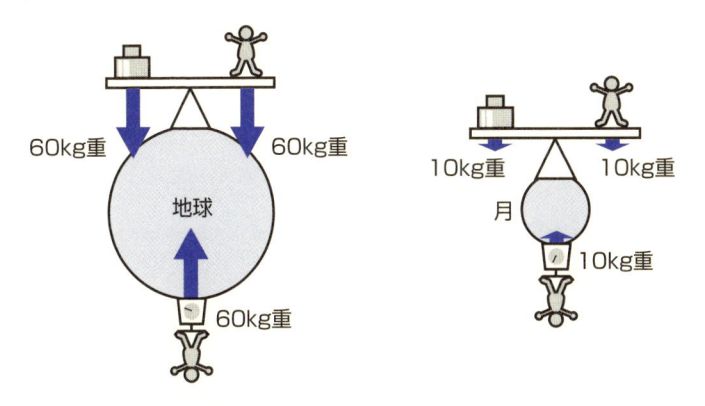

ところで、その比較する分銅の質量はどうやって決められているのか、というと、他の分銅の質量から決められています。他の分銅もまた他の分銅の質量で決められています。現在、1kgは「国際キログラム原器」の質量と定義されており、全ての分銅はこれを基準として作られています。

単位になった人たち 1

ブレーズ・パスカル
1623-1662
フランス

公共交通機関の父

　天気予報の台風情報でお馴染みの「中心気圧は○○ヘクトパスカル」の「パスカル」は気圧の単位です。

　パスカルは1623年、フランス中部のクレルモンに生まれました。幼くして母を亡くし、自身も病弱でした。

　彼の才能を示す逸話があります。当時、数学は上流人士にとっての教養で楽しみでした。父は、あまりにも魅力的なこの楽しみごとに早いうちから息子を引き入れまいとして、息子の前では友人たちと数学の話を差し控え、数学の書物は目の届かないところに置いていました。父はパスカルに必須の教養であるラテン語を学ばせていました。12歳の頃のある日、彼は、父に数学とはどんなもので何を扱うのかとさりげなく聞きまし

た。父は「正確な図形を作り、図形と図形の関係を調べていくのが数学だ。これからは数学のことなんぞに目を向けてはいけない」とだけ言いました。その後、パスカルは、木炭で床の上に図を描き始めました。正確な図形、完全な円形などがどうやったら描けるか、が母を亡くした少年の遊びの中心になったのです。そして、彼は「三角形の内角の和は180度」であることなど図形の様々な性質に気づきました。それらはすでに古代の数学者が発見していたことですが、彼は独力でそれを発見し証明してしまったのです。

19歳のとき、足し算と引き算ができる歯車式計算機を発明します。24歳のとき、水とワインを12mのガラス管に入れて船のマストに立て、気圧を測りました。その後「山の上は空気の重さが減るので気圧も減るだろう」と山の上で義兄に実験をしてもらいました。山に行くには病弱すぎたのです。晩年には、何台かの馬車を一定の経路に沿って走らせるという世界初の公共交通機関を発明、パリで創業しました。これは今日の路線バスの起源です。

彼の才能は思想や哲学などの多方面に及びます。「人間は考える葦である」や「クレオパトラの鼻がもう少し低かったら、世界の歴史が変わっただろう」と述べたのも彼です。

わずか39歳で亡くなったパスカルは、約300年後の1971年、圧力の国際単位となりました。

第2章 運動とエネルギー

16. 速さとは、加速度とは？

　『あの事件は犯人の残した足あとが決定打となり、加速度的に解決へ向かった』という話を聞くと、日常では加速度とは「急激に進む」というような意味で使われているようです。

　加速とは「速度を加える」と書きます。「加速度」は、文字通り「加速する度合い」という意味です。度合いとは割合のことですから、「速度を加える割合」という意味になります。

　さて、この「速度」とはどのような意味でしょうか。「速度」は「速さ」と似ていますが少しだけ意味が違います。物理学で使う**「速度」とは、「ものがどの方向へどのくらい速く進んでいるか」**を意味する言葉です。「進む方向」と「速さ」がセットなのが「速度」です。

　では、「速さ」とはどのような意味でしょうか。「あの犬は速い」という文の意味は、犬が短い時間に長い距離を移動したという意味です。これは、言い換えると、**「ある一定の時間にどのくらいの距離を進んだか」**というものが**「速さ」**です。例えば、「1秒間」に「5メートル」走る犬がいれば、「あの犬は毎秒5mの速さで走る」と言ったり、「あの犬は秒速5mで走る」と言ったりします。物理学では毎回「秒速5mで」と言うのは面倒ですから、**「あの犬の速さは5m/s（メートル毎秒）である」**というように「m/s」という単位を使います。

犬の散歩をするとき、ずっと同じペースで歩くことにすれば、散歩にどのくらいの時間がかかるかは実際に歩かなくても予想がつきます。また、「犯人はまだ遠くへは行っていない」と判断する刑事の頭には、車で逃げた場合や走って逃げた場合などに、犯人がどのくらい遠くへ行けるのかについての経験的な知識があることでしょう。そして南へ逃げたことがわかればより捜査範囲を狭めることができるでしょう。

　このように、動いている物体がどちらへどのくらいの速さで動いているかがわかれば、その後その物体がどこにいるのかを予想することができます。

　一方、車が急ブレーキをかけて止まるときに、どのくらい進んで止まるかを知りたいときには、速度の情報だけでは足りません。なぜなら、ブレーキの性能で「一定時間にどのくらい速度が落ちるか」が変わってくるからです。逆に、一般道から高速道路に入るときにアクセルをどこから踏み始めるか、などを考えたいときは「一定時間にどのくらい速度が上がるか」という情報が必要です。これらが**「ものが速くなる（遅くなる）割合」**である**「加速度」**です。「1秒間に5m/s秒ずつ加速している」ときは「加速度が5m/s^2（メートル毎秒毎秒）」と言います。減速だとマイナスがつきます。

　速度も加速度も、物体の未来を予知するのに必要な情報です。

17. 運動の相対性と等速直線運動

「理科のテストで80点を取った」ということの意味は、人によって異なります。例えば、かなり勉強して100点間違いなしだったはずのテストでうっかりミスをしてしまった人にとっての80点と、理科がすごく苦手で苦労している人にとっての80点とは、本人にとっての意味が違います。

物事の価値は絶対的なものではありません。その人やその時代によって価値は変わります。物理学においても、絶対的なものというのはほとんどありません。相対性理論によれば、物の大きさや長さ、時間の流れの速さすらも、人によって変わってしまいます。

最近の電車は発車がとても静かです。隣の線路に電車がいるときに、その電車が動いたのか、乗っている電車が動いたのか勘違いしてしまうことがあります。一方、自動車が急発進したときに、「隣の車が動いていて自分たちが止まっている」と思うことはほとんどありません。

この二つの違いは何でしょうか。電車と車の差はいろいろあります。ですので、同じ電車に乗って耳栓をして目をつぶっている状況を考えてみましょう。そして、ゆっくりと発進した場合と、自動車並みに猛烈に急発進した場合の違いを考えます。

急発進されると体が後ろに押し付けられます。電車が急発進

すればすぐにわかるはずです。一方、新幹線の発車のようにゆっくりなめらかに静かに発進されると、動き始めたことに気づくことができません。つまり、動き始めたことがわからないので、隣の電車が動いたのか自分の電車が動いたのかがわからなくなるのです。

　ゆっくり発進した場合でも、感覚を鋭くすれば動いたことに気づくことができるかもしれません。では、一定の速度で動いている場合、「いま動いている」とわかるものでしょうか？　残念ながらわからないのです。

　一定の速度で動いている電車の中にいるときは、「地面に対して動いている」わけですが、「私に対して地面が動いている。私は止まっている。」と言うこともできます。これは屁理屈のように聞こえますが、**どっちが正しいかを区別する実験は存在しません。**これを**運動の相対性**と言います。

　例えば、並走した電車がお互い止まって見えるのは、物理法則が**動いているときと全く変わらない**からです。「一定の速度で直進する運動」は**等速直線運動**と呼ばれます。

　普段、私たちは無意識で地面を基準として考えています。「地面に対して」動く動かないを考えます。それはそう考えたほうが便利だからにすぎないのです。

18. 力が運動の源

　夏になると甲子園で高校球児たちが己の力を出し切る試合を繰り広げます。バッターが打った球は夏の空に弧を描き、守備の人はその球を懸命にキャッチしようとします。

　球の落下点を予想し、あらかじめその場所へ向かわなければ球をキャッチすることはできません。野球をしたことがない人でも、球をキャッチすることはできなくてもだいたいどの辺りに落ちるのかは見当をつけることができます。

　なぜ、私たちは球の落下点を予想できるのでしょうか？

　私たちは、空高く放り投げられた物体が放物線を描くことを知っています。ある程度重くて風が無ければその物体がどこへ飛んでいくのかがだいたいわかります。これは何を意味しているのでしょうか。

　球にかかる力を考えてみましょう。問題がややこしくなるので空気抵抗や風は考えないことにします。

　球がバットに当たる瞬間、球はバットから図の左のように斜め上の力を受けています。これを以前の項で述べた「平行四辺形の法則を使って力を分解」して、図の右のように上向きの力と右向きの力に分けます。この

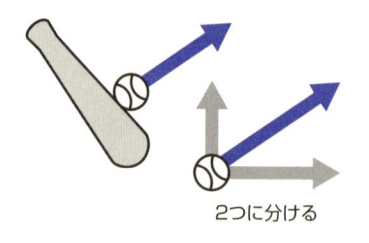

2つに分ける

球の場合、上向きにも右向きにも「力はつり合っていない」ので、静止しません。したがって、球は上向きかつ右向き、つまり斜め右上に飛んでいきます。

次に、球が空中を飛んでいるときを考えてみましょう。球には重力がかかっています。そして、球にはそれ以外の力はかかっていません。なぜなら、何にも触れていないからです。

重力は下向きの力ですから、球を下へ落とそうとします。一方、球は上へ向かって飛んでいます。球には重力以外の力がかかっていないので、やがて重力に負けて球の勢いは無くなり、落下しはじめます。球には右向きや左向きの力はかかっていないので、右方向へは最初の勢い（速度）を保って飛んでいきます。そして最後には地面（グローブ）に落ちます。

以上から、力には「**速度を変化させる働き**」があることがわかります。力には向きがありますから、その力の向きに応じて速度の向きは変化します。

飛んでいる間に重力以外の力がかかっていないからこそ、いつもの経験が使え、落下地点を予想できるのです。ですので、風が吹くと予想は格段に難しくなります。

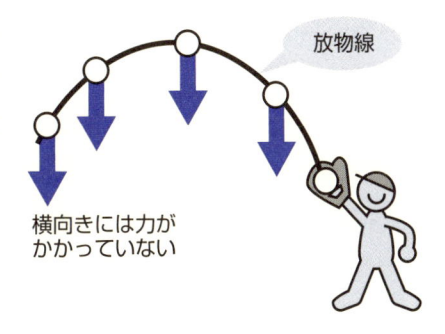

19. 自由落下を体験

　宇宙飛行士たちがスペースシャトルの中で浮いている映像を見たことがあるでしょうか。宇宙では上も下もないので、宇宙飛行士たちは好き勝手な方向を向いて浮いたり体を回転させたりできます。

　体が浮き上がるような状態を**無重量状態**と呼びます。宇宙飛行士は宇宙に行く前にこの無重量状態の訓練をしないといけません。そこで、宇宙船の外で活動する訓練をするために、水中に宇宙服を着て入ります。水中では浮力があるので体は浮きます。しかし、やはり水の中は実際の無重量状態とは違います。では、宇宙に行かずに無重量状態を体験するにはどのようにすればよいでしょうか。

　その前に、「無重量状態」とは何を意味するのでしょうか。「重量」とは重さのことですから、「無重量状態」とは「重さを感じない状態」という意味です。重さを感じない状況にすればそれは「無重量状態」であるということになります。

　重さを感じない状況は、じつは身近にあります。例えば、跳び箱や机の上から飛び降りると、飛んでいる間は重さを感じません。地上にいるのでもちろん重力は働いているのですが（「無重力」状態ではない）、落下中はそれを感じません。図のように**重力以外の力が働いていないとき、「自由落下している」**と

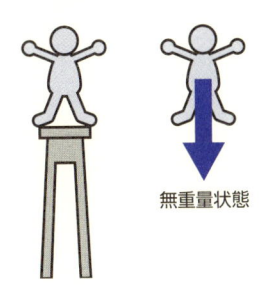

言います。遊園地のフリーフォールはこの自由落下が長く、体が浮き上がる無重量状態を体験できるように作られています。

　無重量状態をずっと長く体験したいと思いますか？　それは難しいです。なぜなら、落下する速度がどんどん速くなっていくからです。前の項で「力には速度を変化させる働きがある」と述べました。自由落下中は「重力」しかかかっていません。そして重力はいつもほぼ同じ大きさです。このような運動を**等加速度直線運動**と呼びます。加速度というのは速度が増えて速くなる割合でした。地上での重力は速度を1秒間に約9.8m/sだけ増やします。その結果、時間が経てば経つほどかなり下へ落ちていってしまいます。その距離は4.9m×(時間(秒))^{2}という**二次関数**になります。つまり、手を離して10秒後には、手から490mも落下してしまうのです。宇宙飛行士は飛行機で何度も下がったり上がったりして無重量状態の訓練を行います。

　ところで、宇宙でなぜずっと無重量状態かと言うと、**シャトルは自由落下している**からです。地球が丸くシャトルが速いため、いつまでも地上との距離が変わらないのです。

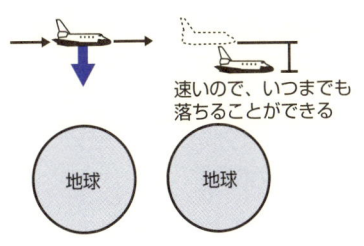

20. ロケットの飛ぶしくみ

　ペットボトルロケットというものがあります。ペットボトルに1/5から1/3程度の水を入れ、発射装置にセットし、自転車の空気入れで空気を入れます。十分に空気が入ったと思ったら、発射レバーを操作します。

　このペットボトルロケットは水を勢いよく噴出して、時には100m以上飛ぶこともあります。発射台から飛び出しても、空中で水を噴き出しながら加速していきます。なぜロケットは加速していくのでしょうか。

　ペットボトルロケットは、水を噴出すること（作用）によって、それと同じ大きさの力（反作用）を受けます。あらゆる物体は、**力を及ぼした相手から同じ大きさで向きが反対の力を受けます**。これはニュートンの運動の第3法則で「**作用反作用の法則**」と呼びます。

壁を押すと後ろに下がる

　スケートでもローラースケートでも、前にある壁を手で押すと後ろに下がることができます。これは、「手が壁を押した力」の反作用である「壁が手を押した力」が後ろ向きに働いた結果です。

ペットボトルロケットに限らず、動力を持つ空を飛ぶ物体のほとんどは作用反作用の法則を使って空を飛んでいます。通常のロケットはペットボトルロケットと同様に液体や固体を後ろに勢いよく噴出させ、その反作用で飛びます。ジェット機はジェットエンジンで前方から空気を取り込み、その空気と燃料を混ぜて燃やしてできた燃焼ガスを後ろに噴出させ、その反作用で飛んでいます。

　作用反作用の法則は日常生活のあちこちに現れています。例えば、私たちが地面の上を走ることができるのは、足が後ろ向きに地面を蹴ると、反作用として前向きに地面と靴の摩擦力が働くからです。また、タンスの角に足の小指をぶつけると痛いのは、小指がタンスの角を押す力の反作用としてタンスの角が小指を押すからです。転んだとき、思い切り強くアスファルトに手をつくと手がじんじんするのも、手が地面を強く叩いたので反作用で地面に手が叩かれたからです。

　作用反作用の二つの力は**「一直線上にあり」**、**「それらの力の大きさが等しく」**、**「それらの向きが正反対」**になっています。

　どちらが作用でどちらが反作用か、は考えている人の気持ち次第です。要するに主語がどちらなのかによって作用か反作用かが決まります。壁がぶつかってきたのか、壁にぶつかったのか、それはその人のそのときの気分次第です。どちらかが主でどちらかが従と決まっているわけではありません。

21. 遠心力はどこから生まれる？

　自転車で角を曲がるとき、ハンドルを曲げるだけよりも車体を傾けた方がスムーズに曲がることができます。しかし動いていない自転車を傾けるとすぐに倒れてしまいます。この違いは何でしょうか。また、ぐるんと上に一回転するジェットコースターに乗ったことがありますか。逆さまになっているのに、落ちないのは不思議ですよね。

　自転車の不思議もジェットコースターの不思議も、原因は**遠心力**にあります。車がカーブを曲がったとき、横に感じる力が遠心力です。遠心力は、曲がるときの速度が大きいほど、また、急激に曲がるほど、大きくなります。

　車の場合、急カーブであればあるほど、速度が大きいほど対向車線にはみ出しやすくなりますが、これは遠心力が大きいためです。

　遠心力は、**慣性の法則**が原因です。慣性の法則とは、「**物体は、外からの力がなければ運動状態を変えない**」という法則です。これは、「止まっているものはいつまでもそこにいようとするし、ずっと同じ

速度で動いているものはいつまでも同じ速度で動こうとする」という意味です。慣性の法則はニュートンの運動の第１法則とも呼ばれます。

電車が動き出したとき、立っているとよろけそうになることがありますよね。これは、人は慣性の法則があるのでその場にとどまっていたいのに、床が強制的に動かされてしまった結果、後ろ向きに力が働くからです。これを**慣性力**と言います。

慣性力は、電車の中のように「止まっていたものがいきなり動かされる」ときの他に「同じ速度で動いていたものが、無理矢理速度を変えさせられる」ときにも生じます。これは、同じ速さで走る車が曲がるときに当てはまります。なぜなら、速度には大きさと向きがあり、**大きさが同じでも向きが変われば速度が変わる**からです。

図のように、車が右に曲がるとき、ハンドルを切らなければそのまま直進してしまいます。これが慣性の法則です。しかし、ハンドルを切って曲がると、「無理矢理速度を変えさせられ」たことになり、慣性力が生じます。慣性力は日常生活の言葉では「勢い」に近いです。真っ直ぐに進む勢いがあると、曲がるのが大変になりますよね。何事も勢いがあるとその状態を変えるのが難しいものです。

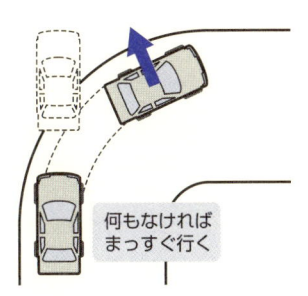

何もなければまっすぐ行く

22. 理系で用いる「仕事」の意味

　世の中にはいろいろな仕事があります。一日中椅子に座っている仕事、体を動かす仕事、仕事の形は人それぞれです。

　物理学で使う「仕事」は、物体を動かさなければなりません。椅子に座ったままでは仕事になりません。物体を動かして初めて「仕事をした」と言えるのです。言い換えれば、**物理学での仕事は「何かに逆らって物体を動かす」ときに必要な量**です。

　重い物を持ったままじっとしていても疲れます。しかし、これは仕事にはなりません。なぜなら動いていないからです。ではなぜ疲れるかというと、重力とつり合う力を出すために筋肉が働いているからです。この筋肉の働きは熱に変わってしまい、物体へ行う仕事にはなりません。モーターを無理矢理止めると発熱するのと同じような原理です。

　物体を動かすとき、「**加える力が大きいほど、加えた距離が長いほど**」大変になります。そのため、仕事の大きさは

　仕事　=　力の大きさ　×　距離

で計算できます。仕事の大きさの単位は

　kg重m　=　kg重　×　m

で表されます。仕事の単位はいろいろあり、必要に応じてJ（ジュール）やNm（ニュートンメートル）を使います。

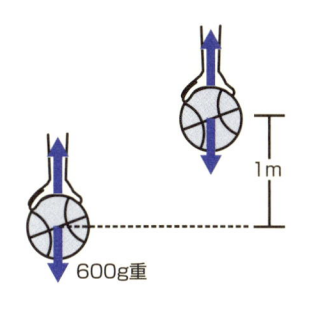

図のバスケットボールの場合、600g重の重力に逆らって上へ1m持ち上げていますから、0.6kg重×1m＝0.6kg重mとなります。

　さて、重さ20kg重の物体を2m引っ張るときは仕事はどうなるでしょうか。横に引っ張るときは、重力に逆らっているのではなく、**「左向きに働く摩擦力」**に逆らっていることが図からわかります。したがって、このときの仕事の大きさは、10kg重×2m＝20kg重mです。

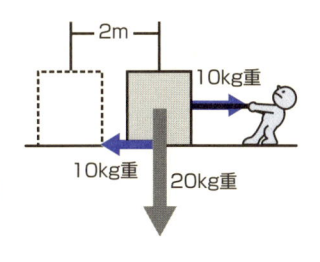

　仕事の大きさを求めると何がわかるのでしょうか。それは、「力を大きくして短い距離の場合の仕事と、力を小さくして長い距離の場合の仕事が同じ」であることです。

　例えば、段差を乗り越えるとき、階段を使うと力を多く使いますが距離は短くてすみます。一方、車椅子用スロープを使うと上るのは楽ですが距離を長くしなければなりません。これは、このときの仕事の大きさが、

　　自分の体重×段差の高さ

でつねに一定だからです。

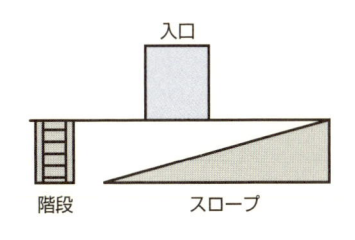

23. 理系で用いる「仕事率」の意味

　日常生活では、同じ仕事を短期間できちんと終わらせることができれば、「仕事の能率が良い」と言います。前項で、「物理学で用いる仕事は日常生活での仕事とは少し意味が違う」ということを述べました。**物理学で使う「仕事率」は、日常生活で使う「仕事の能率」とほとんど同じ意味です。**ただ違うのは、「仕事の能率」の「仕事」が、物理学で使う「仕事」ということだけです。

　物理学の仕事は、「何かに逆らって物体を動かす」という意味でした。仕事率は「どれだけ短期間に仕事ができるか」という意味です。時間が短いほど能率がよいことになるので、仕事率は

　仕事率　＝　仕事　÷　時間

となります。仕事の単位がkg重mやJ（ジュール）だったので、仕事率の単位はkg重m/sやJ/s（ジュール毎秒）等を使います。

　ここで紹介した仕事率の単位は、あまりなじみがないかもしれません。だからといって、仕事率自体がなじみのない量というわけではありません。私たちの身の回りにも、仕事率の表示があるものがあります。それは、電気製品です。

　電気機器には、消費電力として「○○W（ワット）」が必ず書かれてあります。このW（ワット）という単位は、実は仕事

率の単位です。100Wの電球の方が60Wの電球より明るいのは、100Wの電球の方が仕事率が大きいからです。つまり、「短時間にたくさんの仕事ができる」ので明るいのです。

電球の場合は、「何かに逆らって物体を動かすという仕事」をしていないように思うかもしれませんが、「電球の中に電流を流し込むという仕事」をしていると考えてください。電球や電流についての話は第6章で述べます。

もう一つ、鉄腕アトムや車のエンジンの性能を示す「〇〇馬力」の「馬力」も、仕事率の単位の一つです。馬力、と書くと力の単位にも見えますが、違います。地面に置かれたある石を動かすとき、石と地面の間に働く摩擦力に逆らって力を加えることで石を動かすことができます。馬が一頭でも二頭でも、摩擦力の大きさは変わりません。馬が二頭いて変わるのは、同じ距離を動かすときにかかる時間です。

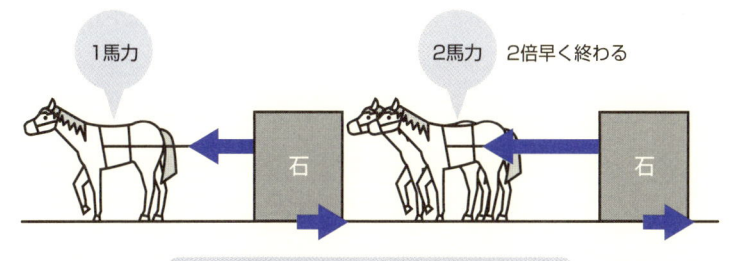

仕事は同じでも仕事率は異なる

24. てこや滑車で作業が楽になるしくみ

　古代から人は様々な巨大建造物を作ってきました。産業革命以前の主要な動力は人でした。つまりエジプトのピラミッドもイースター島のモアイも人力で作られています。何トンもある巨石を人が運んだのです。人は、重くて動かしにくいものをどうやって運ぶかに知恵を絞り、様々な道具を考案しました。てこや滑車もそのうちの一つです。

　てこの原理は古代ギリシャ時代に考えられ、現在まで様々な分野で使われてきました。てこの原理は身近な道具に応用されています。

　ものの回しやすさは、**力のモーメント**という量で測られます。力のモーメントは

　力のモーメント ＝ 力 × 支点からの距離

で表されます。ドライバーを回すとき、持ち手が太い方が回しやすいですよね。これはしっかりと握れるだけではなく距離が遠いからです。二つの力でお互い逆向きに回そうとしたときは、力のモーメントが大きい方に回ります。力のモーメントが等しい場合、回転しません。

　はさみやドライバーなどは、この力のモーメントの性質をうまく利用した道具です。図のように、はさみの柄の

長さが10cmで、刃先の根元から１cmのところで切ることを考えます。長さが10倍違いますから、柄にかける力が1/10でも、同じ力のモーメントになります。根元に近い場所で切るほどはさみがよく切れるのはこのためです。力のモーメントは「力×距離」なので、力を小さくしても距離を長くすれば物体を回転させることができます。これを**てこの原理**と呼びます。

さて、仕事の大きさも「力×距離」で表せることを思い出してください。力が小さくても距離が長ければ同じ仕事ができます。この原理を応用したのが**動滑車**です。

動滑車は、滑車に荷物をつけて引っ張ります。すると滑車が動きます。このとき、引っ張る力は半分ですみます。これは、固定されている天井が半分持ってくれているからです。しかし、ある高さに持ち上げるためには、その高さの２倍の距離を引っ張らなければなりません。なぜなら、**同じ仕事をするためには、力が半分ならば距離が２倍にならないといけない**からです。

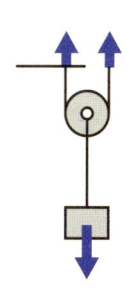

動滑車をたくさん付けるほど使う力が少なくてすみます。力を何倍に増幅しているかは、上向きに出ているロープの数を数えればよいです。これを応用しているのは、クレーン車です。クレーンの先端には動滑車がついており、ロープを長く巻き取って大きな力を発揮しています。

25. わかるようでわからないエネルギー

　エネルギーという言葉を聞いて何を思い浮かべるでしょうか。最近は「省エネ（省エネルギー）」という言葉でなじみがある人も多いかと思います。エアコンや自動車等の広告には「いままでの商品よりどのくらい省エネか」などと書いてあるのをよく見かけます。

　エネルギーとは、「**ある物体が外部に対して仕事を行うことのできる潜在的な能力**」です。言い換えれば、「物体が秘めている能力」です。「彼はプロ野球選手になれるポテンシャルを秘めている」と言ったときの「ポテンシャル」と同じような意味です。エネルギーは直接目で見ることができませんが、物体に影響を及ぼす作用として見ることができます。

　振り子のおもりを図の左のように手で押さえたとき、「おもりは**位置エネルギー**が大きい」と言います。位置エネルギーとは「高いところにある物体が持っている潜在的な能力」です。おもりから手を離すと、おもりは図の右のように円を描いて下

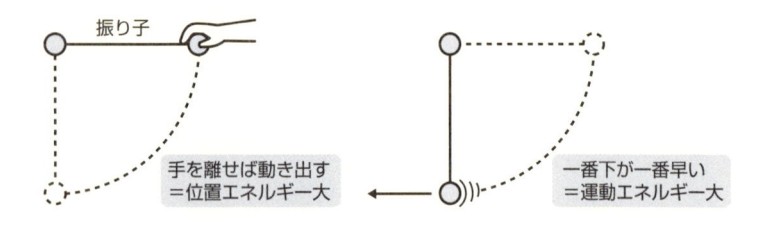

振り子
手を離せば動き出す＝位置エネルギー大
一番下が一番早い＝運動エネルギー大

へ落ちていきます。おもりが一番下にあるとき、ひもがついているのでこれ以上下には落ちませんよね。このとき位置エネルギーは一番小さいです。しかし、このとき一番速度が大きくなります。運動している物体が持っているエネルギーを**運動エネルギー**と呼びます。全体のエネルギーは、

　手を離す前の位置エネルギー　＝　一番下の運動エネルギー

となっており、エネルギーは「形を変えてもつねに一定」です。

　こたつのテーブルよりデスクから物を落とした方が壊れやすいのは、デスクにある物の位置エネルギーの方が大きいからです。元々持っている位置エネルギーが大きいほど下での運動エネルギーが大きくなります。

　エネルギーには、熱エネルギー、光エネルギー、電気エネルギー、化学的エネルギーなど様々な形態があり、互いに移り変わることができます。例えば、動いている車は運動エネルギーを持っています。この運動エネルギーはガソリンの化学エネルギーをエンジンで変換したものです。

　どんなエネルギーも変換の途中で多かれ少なかれ熱エネルギーに変わります。熱エネルギーは使いにくいエネルギーです。エアコンは部屋を冷たくできますが、屋外にそれ以上の熱を放出しなければ動きません。「省エネ」とは、「なるべく熱エネルギーにしない」という意味でもあります。人間が使えるエネルギーには限りがありますから。

26. 相対性理論の考え方

　アインシュタインは、ノーベル物理学賞を受けた20世紀最高の理論物理学者と言われています。彼は1922年（大正11年）に来日しました。彼は日本へ向かう船の中で21年のノーベル賞受賞が決まったことを知り、日本の人たちは熱狂とともに彼を歓待しました。

　彼は物理学のあらゆる分野で顕著な業績を残していますが、そのうち特に有名なのは「特殊相対性理論」と「一般相対性理論」です。

　相対性理論とは、簡単に言えば**「物体の長さや大きさ、時間の流れすらも人によって異なる」**という理論です。これは、**「物理法則はどこでも同じ」**だからです。長さや時間というものは、物理法則の結果でしかないのです。

　アインシュタインは、どんな場所で測っても光の速さが一定であることを不思議に思いました。普通の物体はそうではありません。例えば、時速100kmの電車に乗って時速100kmのボールを投げた人がいたときを考えましょう。同じ電車に乗っている人から見ればボールは時速100kmで飛んでいきます。一方、地上にいる人から見えれば、ボールは時速200kmで飛んでいくように見えます。これが以

前述べた「運動の相対性」というものです。

一方、光の速さはどんな風に測ってもどこから見ても同じ速さになります。時速100kmの電車の上で前方にライトを照らしたときを考えます。光の速さは秒速30万km、時速で言うと時速10億8000万kmです。普通の感覚であれば、電車の中の人から見た光の速さは時速10億8000万km、地上から見た光の速さは時速10億8000万km+100kmになりそうです。しかし、実際に実験すると、光の速さはどちらとも時速10億8000万kmになります。

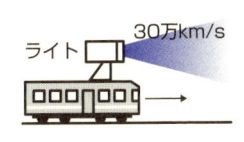

アインシュタインは、「光の速さが一定なのは世界がそのようにできているからだ」と考え、理論を作りました。そしてこの事実を突き詰めて考えていくことにより、「速く動く物体の中の時間は、外から見ると遅くなっている」ことを発見しました。さらに、その過程で有名な式

$$E = mc^2$$

を発見したのです。Eはエネルギー、mは質量、cは光の速さです。これは質量はエネルギーに変わることを示す式で、原子爆弾は実際に質量をエネルギーに変えて強大な破壊力をもたらします。

一般相対性理論と特殊相対性理論による時間の遅れを考慮しなければ、カーナビ等のGPSの位置は数十kmもずれてしまいます。身近なところで相対性理論は使われています。

単位になった人たち 2

アンドレ-マリ・アンペール
1775-1836
フランス

ラテン語を3週間でマスターした数学の天才

　電流の単位である「アンペア」は、フランスの物理学者アンペールに由来します。彼は「2本の導線に流れる電流の間に力が働く」ことや右ねじの法則を発見し、電気と磁気の学問である電磁気学を創始した人物の一人です。

　アンペールは、1775年にフランスの裕福な商人の子として生まれました。彼はきわめて記憶力がよく、読書が好きで家中の本を読みあさって知識を蓄えました。

　彼は、12歳で微分学（現在日本では高校2年生で習い始める学問）に通じるという数学の才能の持ち主でした。また、当時の高度な数学書はラテン語で書かれていたので、ラテン語を少

年時代に2～3週間で習得してしまいます。図書館では、「オイラーとベルヌーイの本（ラテン語で書かれた難解な数学書）を貸してください」と係員に頼み、係員を驚かせたという逸話も残っています。

　青年時代、フランス革命で市の公職にあった父が断頭台の犠牲になり、1年間何もする気力がなくなったそうです。

　24歳のときに結婚し、27歳のとき、「持ち金の額が自分よりはるかに多い相手には賭け事で勝つことができない」ということを論じた数学の論文で世に出ます。学校の講師として物理や化学や数学を教えて生計を立てていましたが、29歳の頃妻を亡くし、その傷は生涯癒されなかったそうです。

　彼は物理分野でもその才能を発揮します。1826年9月11日、デンマークの物理学者エルステッドの「針金に電流を通じるとその回りに磁界ができて磁針が振れる」という発見が科学アカデミーで発表されました。アンペールはこの講演を聞いて興味を持ち、その1週間たらず後に、理論と基本法則を論じた論文を発表しました。この論文で「らせん状に巻いた針金に電流を流すと棒磁石のようになる」と予測し、証明してしまったのです。電流の向きを測れなかったこの時代、彼は、電流の向きをプラスの電気が流れる方向とする、と決めました。

　電気と磁気の関係を明らかにしたアンペールに敬意を表して、1881年に電流の単位が「アンペア」と定められました。

第3章 光と色

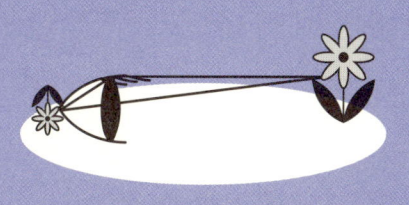

27. 光の正体

　晴れ渡った日に猫がひなたぼっこをしているのを見ることがあります。太陽の熱と光がその猫に心地よい眠りをもたらします。私たちが猫がひなたぼっこをしているとわかるのは、その猫から来る光が目に入ったからです。ものが見えるのは光があるおかげなのです。テレビを楽しめるのも、画面から発せられる光を見ているからです。

　では、光とは何なのでしょうか？　人は古代から光の正体を解明すべく、様々なことを考え実行してきました。光はどのような性質を持つのか、光の速さは無限大か有限か、有限だとすればどのくらいの速さか、など、数えきれない実験と観察が行われてきました。

　光は鏡などで反射することが知られています。ボールを壁に投げれば跳ね返ってきます。水を波立たせるとその波は壁で跳ね返ってきます。このことからわかるように、光はボールと同じような「粒子」であるか、水の波と同じような「波」であるか、そのどちらかであると考えられてきました。

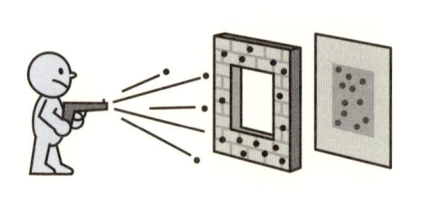

　17世紀、ニュートンは、光は粒子であると考えました。影がくっきりと映るの

は光が粒子であるからだと考えたのです。穴の開いたレンガをマシンガンで撃つと、向こう側の紙にはレンガの穴の形のようにくっきりと弾の跡が残ります。これと同じように、無数の光の粒子が降り注いでいると考えたのです。

ところが、そのおよそ100年後、フレネルやヤングは光が波の性質を持つことを実験から発見しました。

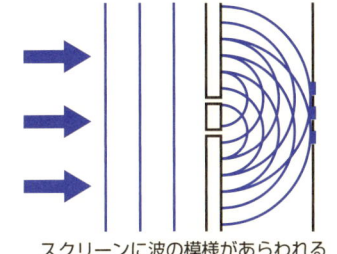

スクリーンに波の模様があらわれる

しかし、19世紀末、アインシュタインは、**光電効果**という現象を説明するには光が粒子でなければならないと主張しました。

結局、物理学者たちは「**光は粒子と波の両方の性質を持つ**」と結論するしかありませんでした。このような性質を持つ存在のことを「量子」と呼び、光は**光量子**（フォトン）と名付けられました。

光は時には波となり、時には粒子となって見えることが判明しました。波としての性質は電波と同じと考えられるので、光と電波は一括して**電磁波**と呼ばれます。

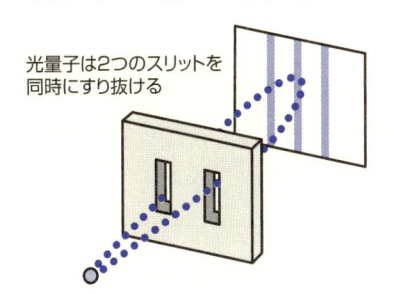

光量子は2つのスリットを同時にすり抜ける

28. 光の速さはどうやって測るの？

　光は1秒間に約30万km進みます。1秒間に地球を7周半するほどの速さです。しかし、これがどれほど速いのか、日常生活では実感できません。

　昔の人は、光が瞬間的に届くのか、それとも音と同じように有限の速さを持つのか、知ろうとしました。今から400年ほど前、ガリレオがランプを使って、遠く離れた2点で光が往復する時間を測定しようとしました。図のように、遠く離れた二人がランプを持ち、カバーで隠します。左の人がランプのカバーを外して光を送ります。右の人は、その光が見えたら自分のランプのカバーを外して光を送ります。左の人は隠したり隠さなかったりをして光を点滅させます。もし光の速さが有限であるならば、右の人の点滅は左の人の点滅より少しずれるはずです。しかし、実験してみると点滅はずれず、「光は瞬間的に届くか、速すぎる」という結果になってしまいました。

　初めて光の速さを見積もったのは、レーマーという天文学者です。彼は、木星の周りを回る衛星が木星の影に隠れて見えなくなる時間が、季節によって異なることを発見しました。月が地球を回るように衛星は一定周期で木星を回っているはずです。彼は、

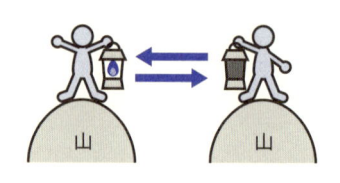

この時間のずれは、地球に光が届くのに時間がかかったせいではないか、と考えました。彼は光の速さは秒速約22万kmと見積もりました。ガリレオの実験から約40年後、1676年のことです。

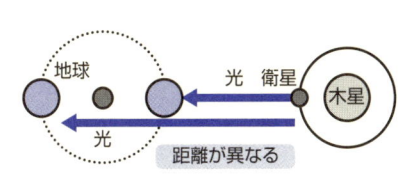

　地球上で初めて光の速さを測ることに成功したのは、フィゾーという物理学者です。1849年、彼はガリレオが行った実験と似たような実験を歯車で行いました。手作業で点滅させる代わりに、高速回転する歯車の歯の間に光を通すことで素早く点滅させ、8.6km先の鏡に反射させて光の速さを測りました。彼は、光は秒速31万kmであると見積もりました。

　その後、レーザーを使って精密に測定することができるようになりました。速さは距離÷時間ですから、速さを正確に測るには距離と時間を正確に測る必要があります。しかし、距離は10億分の1の精度より正確に測ることができず、速さの精度をそれ以上は上げられなくなってしまいました。

　そこで、1983年、「光が真空（しんくう）中を2億9979万2458分の1秒の間に進む距離」を1mにしてしまおうということになりました。**長さを光の速さで決めてしまったのです。**ですので、現在、光の速さは誤差無しに**秒速29万9792.458km**となっています。

29. 光はどうして屈折するの？

お風呂に浸かっているときに湯に沈めた自分の手を見ると、上下に短くなっているように見えます。手を傾けたりすると指の長さが変わって不思議です。

これは、**光は屈折する性質を持つか**らです。光は水と空気の境界などで屈折します。指から出た光は水面で屈折し、目に飛び込んできます。目はまさか光が屈折したとは思っていませんから、曲がった光の先に指があると思ってしまいます。その結果、本当の位置よりも水面近くに指があるように見えるのです。

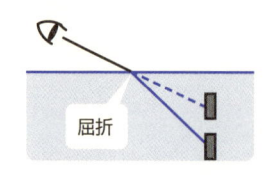

では、なぜ光は屈折するのでしょうか。それは、光は**進む場所によって速さが違う**からです。光は真空中では一番速く、秒速30万kmです。空気中では、平均的に約3％遅くなり、秒速約29万kmになります。水中ではさらに遅く、真空中より約25％遅い秒速約22.6万kmです。

なぜ速さが違うと屈折が起きるのでしょうか。それは、「**雪の上を滑っていたスキーヤーが、地面むき出しの場所に斜めに突っ込んでしまったときと同じ**」だからです。図のように、コースのはずれには雪がないとします。間違ってコースの端を飛び

出る人は、どうなってしまうでしょうか。コースを外れて先に地面に接触するのは、右足のスキー板です。コースの外には雪が無いので、ガガガと減速します。一方、左足のスキー板はまだコースを外れていません。ですので、左足のスキー板はそのままの勢いで滑ろうとします。その結果、「**右足のスキー板の先が雪と地面の境界に引っかかる形になり**」、曲がります。

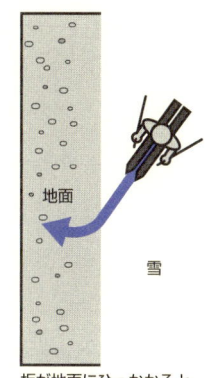

板が地面にひっかかると曲がってしまう

スキーヤーを光、雪を空気、むき出しの地面を水と考えると、光の振る舞いを説明できます。光も「**遅い場所に斜めに侵入すると境界に引っかかって折れ曲がり**」ます。

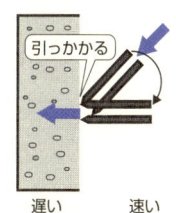

これは、数人の人と手をつないで歩く実験をするともっとよく実感することができます。道路に線を引いて、その線より先に進んだらゆっくり歩く約束をみんなでしておきます。歩いていくと、一番内側の人が先に線に着きます。その人はゆっくり歩きます。一方、左端の人はまだ普通に歩いています。その結果、全体が右に曲がることになります。

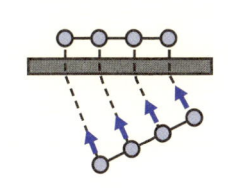

30. 凸レンズはどうして大きく見せるの？

　小さい頃、おばあちゃんが虫眼鏡で本や新聞を読む光景を目にしたことがあるでしょうか。家に転がっていた虫眼鏡で遠くを見たり近くを見たりして遊んだ方も多いと思います。虫眼鏡は凸レンズでできています。また、遠視の人の眼鏡も凸レンズでできています。

　レンズは光が屈折する性質を利用した道具です。凸レンズは図のような形をしています。凸レンズの最大の特徴は「**平行な光線を焦点に集めることができる**」ということです。むしろ光線を一点に集められるように、屈折を調節して作ったものが凸レンズです。太陽の光を虫眼鏡に通して虫眼鏡を紙に近づけたり遠ざけたりすると、紙の上の丸い光の輪が大きくなったり小さくなったりします。虫眼鏡で遊んだことがある人なら、丸い光の輪を一点に集めて紙を燃やそうと挑戦したこともあるのではないでしょうか。

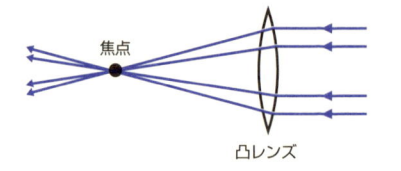

　凸レンズで物を大きく見ることができるのは、「**光を一点に集めることができる**」という性質のおかげです。

　前項の、お風呂で水面近くにある指は縮んで見えたことを思い返してください。指から出た光が水面で屈折して、その結

果、指が縮んで見えました。これは、目が、**本来指がある場所ではないところに指があると勘違い**したからです。凸レンズを使って物が大きく見えるのも、「**本当は小さいのに、大きく見えると勘違い**」した結果です。

凸レンズが物を大きくするしくみは、図のようになります。図の花から真っ直ぐ出た光は、屈折して焦点に向かいます。この光が目に入ったとき、本当は折れ曲がってやってきた光なのに、**点線で示した方向からやってきたと勘違い**してしまいます。一方、レンズの中心に向かった光は、屈折せずに真っ直ぐ進みます。その結果、もっと大きな花からの光だと勘違いしてしまうのです。花の先から出た光も茎のあたりから出た光も、凸レンズに入ると焦点に向かって折れ曲がります。ですので、どの光もきれいに折れ曲がって、その結果そのまま拡大された花が見えるのです。このように大きくなった像を「**虚像**」と呼びます。

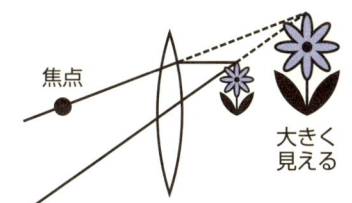

なお、虚像が見えるのは、花が焦点よりレンズに近い位置にあるときです。

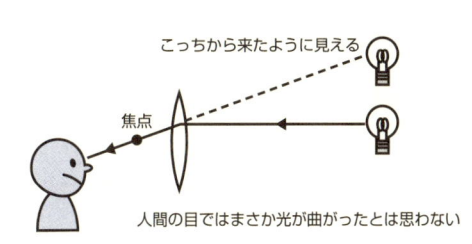

31. 虚像と実像の違いは？

　理科の教科書には「虚像」と「実像」という言葉が出てきますが、何が「虚」で何が「実」なのでしょうか。それは、人間が物を見るしくみと関連しているのです。

　一言で言えば、**実像の「実」は目と同じ原理**という意味です。

　図のように、レンズと花を用意します。また、今回は目で覗く代わりにスクリーンを用意することにします。

　花の先から出た光は、レンズに真っ直ぐ向かっていくものと、レンズの中心に向かっていくものがあります。

　どこにスクリーンを置くと、スクリーンにきれいに花が映るでしょうか。レンズから真っ直ぐ向かっていった光も、斜めにレンズの中心を通る光も、もともとは花の一点から放たれたものです。ですので、また一点に戻るところにスクリーンを置けばくっきりと花は映ります。つまり、**二つの光が交わる場所にスクリーンを置けばよいのです。**

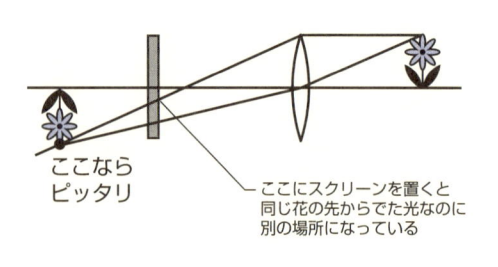

　きれいに映った像は、逆さまになっており、**倒立実像**と呼びます。

ここならピッタリ

ここにスクリーンを置くと同じ花の先からでた光なのに別の場所になっている

さて、図ではスクリーンに花の像を映して観察しました。ここで、レンズもスクリーンも取り払って、普通に花を見てみましょう。私たちは花を鮮明に見ることができます。これは、**目の網膜がスクリーンと同じ働きをしている**からです。

ここで、「目が凸レンズだったら花が逆さまに見えてしまう。実際は逆さまに見えていないじゃないか」と思う人もいるかもしれません。これは実は、「**脳が、逆さまが正常だと慣らされている**」からなのです。

目には水晶体と呼ばれる凸レンズがあります。目に入ってきた光は、水晶体によって屈折させられ網膜に焦点を結びます。**水晶体を凸レンズ、網膜をスクリーン**だと思えば、右の図と同じ状況になっているのです。凸レンズの場合、スクリーンをテーブルに固定すると、花がちょうどいい遠さになければ、光が一点で交わらないので、くっきりと見えません。人間の目も網膜の場所は変えられませんが、水晶体の形を変えることで、好きな遠さにある花をくっきり見る（ピントを合わせる）ことができます。

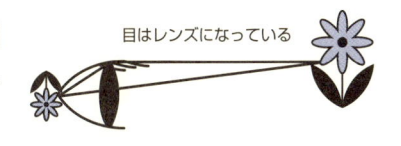

目はレンズになっている

近視になると、周りの風景がぼやけて見えてしまいます。これは、水晶体の凸レンズの性能が落ちていて、くっきりとした像を網膜に映せなくなるためです。

32. 全反射のしくみ

　鏡は、動物の知能を測るものさしの一つに使われることがあります。鏡に映った姿が自分の姿であるとわかる動物はそんなにいません。鏡に映った姿が自分自身であるとわからない場合は、鏡の裏をのぞいたり威嚇したりします。

　光は、水面やガラスや凸レンズ等で折れ曲がることを見てきました。水中を進んできた光は、遅いところから速いところへ進むので、水面寄りに折れ曲がります。

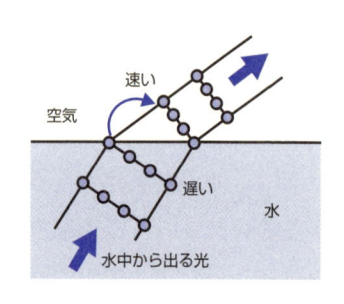

　ここで、一つ疑問が生じます。水面に入る光の角度が浅くなっていくと、屈折した光はどのようになるのでしょうか。水中から空気中へ行く場合は水面寄りに折れ曲がるわけですが、ある角度まで浅くなると、図の右のように屈折した光が水面すれすれになってしまいます。これ以

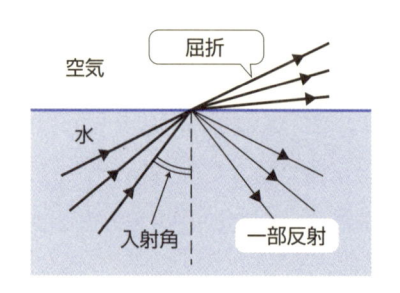

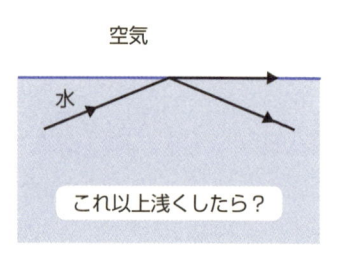

上角度を浅くしたらどうなるのでしょうか。

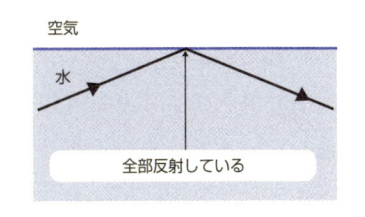

光は、「**ある程度浅い角度で境界面に向かうと、すべて境界面に跳ね返される**」という性質を持っています。このとき、光は**全反射**している、と言います。

光が水面で屈折するとき、全ての光が空気中に向かうわけではなく、一部は反射します。**ある角度以上浅くなると、屈折できる光が無くなってしまい**、その結果、全部反射してしまうのです。ですので、**全反射は遅い方から速い方へ行くときにしか起こりません。空気から水へ光が出るときは全反射しない**のです。

光が全反射するとき、境界面からエバネッセント光という伝搬しない光が出ます。このエバネッセント光は、境界面から100nm（1万分の1mm）だけしみ出した光です。近年、エバネッセント光を用いて、通常の光学顕微鏡では見えないほど小さいものを見たり、境界面近くの小さな粒子を自在に動かしたりする技術が登場しています。

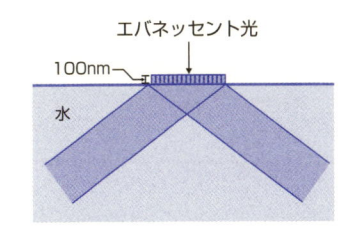

33. 星はどうして瞬くの？

　梅雨が終わり七夕の季節に星空を見上げてみましょう。よく晴れた日、街から十分に離れた場所では、輝く星空を見ることができます。星の一つ一つが瞬いてとても綺麗です。

　星の光は、非常に遠いところからやってきます。月や惑星以外で、夜空で見える最も明るい星はシリウスと呼ばれる星ですが、この星から出た光は、約8年7カ月宇宙を旅して地球へやってきます。光は1秒間に地球を7周半できるほど速いのにそれだけ時間がかかるということは、地球とシリウスの間に横たわる距離は想像を絶するほど大きいのです。

　星の瞬きは、星自体が瞬いているから生じているわけではありません。長い旅の終着点である**地球の大気が原因**です。

　鍋やヤカンでお湯を沸騰させたときに、その上の透明な空気がゆらゆらとゆらいでいるところを見たことがありますか。このとき、その空気の向こう側の景色も同様に揺らいでいるのが見えると思います。暖められた空気は上へ向かいます。また、**空気は温度によって屈折する度合い（屈折率）が異**なります。この二つが原因で、暖められた空気がゆらゆら動くごとに屈折率がゆらゆらと動き、その結果その中を

通る光もゆらゆらと動き、景色が揺らぎます。星が瞬くのも、これと非常によく似た現象です。

空気は、密度によっても屈折率が異なります。つまり、**空気の薄いところと厚いところがあると光は曲がってしまうのです**。ヤカンの上の空気と同じように、大気も少し揺らいでいます。瞬く、の意味は、「**見えたり見えなかったりすること**」です。空気が揺らいだせいで、届くはずの光が見えなくなるときがあるため、星はチカチカ瞬いて見えます。

よく晴れた冬空は雲がないので星がよく見えますが、星の瞬きもたくさんあります。なぜなら、「雲がないのは上空に強い風があるから」です。風が吹いていると、空気が流れていますからやはり光は曲がってしまいます。

梅雨の時期はどんよりとした空が多く、なかなか星空が見えませんが、もし晴れたら星があまり瞬かないのがわかると思います。どんよりとしているときは、空気があまり動かず風もないので、空気の揺らぎも小さいのです。

遠くの星である恒星は瞬きますが、惑星は瞬きません。恒星は望遠鏡で見ても点にしか見えませんが、惑星は望遠鏡で見ると丸く見えます。つまり、惑星の方が大きく見えるので、空気が揺らいでも、見えなくなることはないのです。

目を凝らしてよく見ると、**瞬くか瞬かないかで惑星と恒星を肉眼で区別できます**。

34. 蜃気楼はどうして起こるの？

日差しの強い昼間に車を走らせていると、「前の方のアスファルトに水たまりがあると思ったのに、近づくとそこには何も無い」という現象を見ることがあります。これは「逃げ水」という現象です。逃げ水も蜃気楼の一種です。

逃げ水とは何かを考える前に、アスファルトに水たまりが本当にあったらどう見えるかを考えてみましょう。

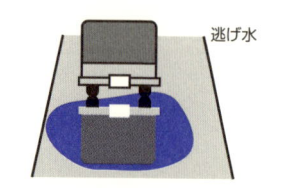

アスファルトに水たまりがあるとき、地面に鏡を置いてあるのと同じ状況になっています。ですので、図のように、前のトラックから出た光は、水たまりに跳ね返って、私たちの目に飛び込んできます。水の中の指が縮んで見えるのと同じで、「**私たちの目は、まさか光が途中で反射してきたとは思わない**」ので、トラックは逆さまに水たまりに映ります。

逃げ水が起きるときは、トラックから出た光は**地面すれすれで曲がって**私たちの目に飛び込んできます。私たちの目は、「まさ

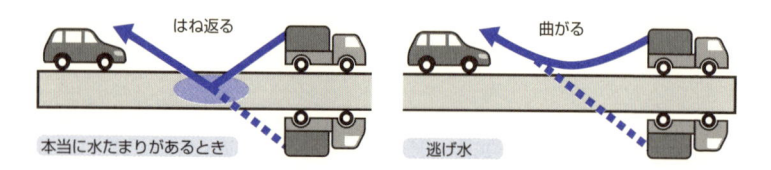

か光が途中で曲がってやってきたとは思わない」ので、トラックは逆さまに見えます。水たまりがあるときと逃げ水が起きたときを、**目が区別できないので**、「光が折れ曲がったときも水たまりがあるように錯覚」します。これが逃げ水の正体です。なお、**砂漠の蜃気楼は逃げ水と全く同じしくみで起こります**。

　光が曲がると逃げ水になりますが、そもそもなぜ光は地面すれすれで曲がるのでしょうか。それは、「**光は冷たい空気から暖かい空気へ進むと折れ曲がる（屈折する）**」という性質をもっているからです。

　日差しの強い日は、アスファルトはとても熱くなっています。そのため、地面近くの空気は暖められています。暖かい空気は軽いので、光は**より速く進めます**。アスファルトから離れると、空気はそれほど熱くありません。ですので、「光は**地面すれすれよりも遅く進みます**」。これは、「上の空気を水」、「下の空気を、空気」と考えると、「**水中から空気中へ出て行く光の屈折と同じ状況**」になっています。そのため、水面寄り（地面寄り）に光は折れ曲がります。

　蜃気楼には二種類あり、逃げ水や砂漠の蜃気楼は「上の物が下に虚像としても見える」ので「**下位蜃気楼**」と呼ばれています。一方、水平線の向こうに消えたはずの海の船が見えるというような蜃気楼は、「下の物が上に虚像としても見える」ので「**上位蜃気楼**」と呼ばれています。原理は下位蜃気楼の逆です。

35. 波長の違いが色の違い

　レントゲン撮影で使うX線、電子レンジから出るマイクロ波、ガスコンロのグリルから遠赤外線、日焼けの原因になる紫外線、携帯電話で使う電波、これらはすべて電磁波です。私たちの目に見える光も電磁波の一種です。

　それぞれ呼び名が違うのは波長が違うからです。波長とは、波の山から山への幅の長さのことです。**電磁波は波長が異なると違う振る舞いをします。**ラジオ等の電波の波長は数百m、電子レンジに使われるマイクロ波は約12cmです。X線の波長は1nm（ナノメートル）程度で、1nmは1/1,000,000mmですからとても短いです。

　人が見える電磁波は**可視光線**と呼ばれます。赤や青、緑や紫など、光には色があります。それぞれの色の光は異なる波長です。つまり、「**波長が違う光は違う色の光**」です。赤が一番波長が長く、紫に近づくにつれて波長が短くなります。**赤の外に**

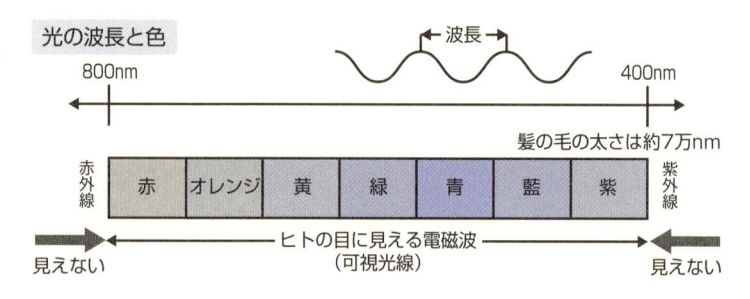

光の波長と色
800nm ←波長→ 400nm

髪の毛の太さは約7万nm

| 赤外線 | 赤 | オレンジ | 黄 | 緑 | 青 | 藍 | 紫 | 紫外線 |

←─── ヒトの目に見える電磁波（可視光線）───→

見えない　　　　　　　　　　　　　　　　　　見えない

あるのが**赤外線**、紫の外にあるのが**紫外線**です。赤色の光の波長は約800nmで、これは髪の毛の太さの100分の1くらいです。一方、紫色の光の波長は400nmで、赤色の波長の半分の長さしかありません。

12色相環
黄／黄緑／緑／青緑／緑青／青／青紫／紫／赤紫／赤／赤橙／黄橙

この光の色の並びを丸くつなげると、美術などでおなじみの色相環が得られます。赤と青緑のように、お互いの反対側にある色を補色と言います。

さて、左ページの色の帯にも12色相環にも黒と白の色がないことに気づきましたでしょうか。真っ暗闇はその名の通り真っ黒ですが、これは「黒色は光が全くやってきていないときの色」であることを意味しています。逆に、**「白色はすべての光がやってきているときの色」**です。これは言い換えれば、「白色にはすべての色の波長が含まれている」ことを意味しています。

地球上の物が色鮮やかに見えるのは、「人間の目がそれらの波長の光が見えるように進化した」からです。そう進化したのは、「太陽から可視光線の波長の光がたくさん出ているから」です。

36. 虹はどうして七色？

　雨上がりの空には七色の帯が弧を描いて現れます。「虹の橋」はいつも綺麗な弧を描いていて、「虹の橋のたもとに行きたいな」と子供時代に思った方もいるでしょう。

　太陽を見てみればわかるように、太陽の光はほぼ白い光です。地球には白い光が降りそそいでいるはずです。それなのに、空は青く、海も青く、虹にいたっては七色です。虹はなぜ七色なのでしょうか。

　前の項で、光は波長が違うと色が異なり、白い光にはすべての色が含まれているということを述べました。ということは、虹は、何らかの方法で**太陽から来る白い光をそれぞれの色に分けているから七色**であるはずです。

　白い光を七色に分ける装置といえば、**プリズム**があります。プリズムは大抵ガラスでできた三角形をしています。プリズムに太陽の光を通すと、図のように赤から紫まで綺麗に七色が出てきます。この色の並び方は虹そのものです。プリズムが白い光をそれぞれの色の光に分けるしくみがわかれば、虹の七色の秘密がわかります。

　光は、水から空気の境界、

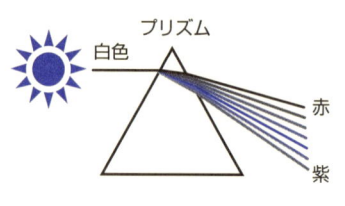

色によって屈折する角度が違う

ガラスから空気の境界など、異なるものの中を進むと屈折する性質がありました。**どのくらい屈折するかを屈折率と呼びます**。屈折率が大きいと、より折れ曲がります。

これまで述べていませんでしたが、実は、**光は波長によって屈折率が異なります**。つまり、「**光は色によって折れ曲がり方が異なる**」ということです。光は、波長が短いほど、屈折率が大きいです。紫や青の光は、赤やオレンジの光よりも波長が短かったので、「**赤色の光よりも、青色の光の方が、より折れ曲がります**」。それぞれの光の屈折率が異なるので、プリズムは白い光を分解します。

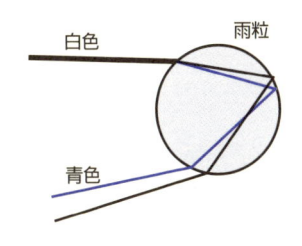

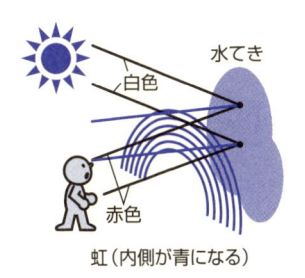

空のプリズムは雨粒です。雨粒の中を光が通ると、図のように色が分かれます。

虹は、太陽の光が雨粒で反射して、目に飛び込んでくることで見えます。光の折れ曲がりの角度は40度から42度で、「太陽の位置がわかれば、**虹が見える方向はわかります**」

太陽を背にしてホースで水を撒くと、その方向に虹が見えるのが確認できます。

37. 空や海はなぜ青いの？

　何も考えずにただ空を眺めた経験はありますか。晴れた日に空を見上げると、心地よい青が一面に広がっています。日没が終わると、真上の空の色が青から群青、群青から紺へと移り変わり、そして星が見えてきます。

　昼間の空は青いです。前項で述べたように、太陽の光はすべての色の光が混じった白い光です。虹の七色は、太陽の白い光が雨粒の中を通るときに分かれてできた七色でした。空が青いのも同じような理由で、太陽の白い光のうち青い光だけが目に入ってくるからです。

　では、なぜ青い光だけ目に入ってくるのでしょうか。それは、「**青い光は散乱しやすい**」からです。散乱とは、「ぶつかって散らばる」というそのままの意味です。

　光の散乱の仕方にはいろいろあります。具体的には、光がぶつかる物体の大きさによって散乱の仕方が変わります。虹のときは、雨粒という大きな物体に光がぶつかり、中で屈折と反射をして、ある方向に光が曲げられていました。これも散乱の一つです。

　空が青いのは、「**光が空気中の分子とぶつかって散乱される**」からです。空気中の分子は目に見えません。目に見えないほど小さな物体に光が当たるとき、**波長が短い光ほどよく散乱され**

ます。この散乱を**レイリー散乱**と呼び、波長の短い**青の光がよく散乱**されます。つまり、**青い光があちこちに散乱され、空が青く見える**のです。虹の場合は光が「折れ曲がって」私たちの目に入ってきますが、空の青の場合は「跳ね返って」私たちの目に入ってくるのです。

空も青いですが、海も青いです。しかし、**海が青い理由は空が青い理由とは異なります**。海が青く見える理由は、「**海面で空の青を映す**」、「**海底で光が反射**」、「**青以外の光が水分子に吸収される**」の三つです。海は沖縄ではエメラルドグリーンだったり、北海道では濃い青だったりしますが、これは海底の色の違いが主です。砂が白い場合、海は明るい青になります。他にはプランクトンの量も関係するようです。

結局、空の青は「青色だけが跳ね返ってくるから」、海の青は「青色以外が吸収されるから」というのが理由です。

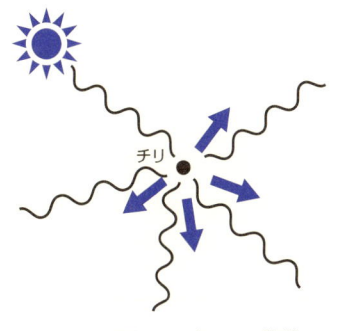

あちこちに散乱される（レイリー散乱）

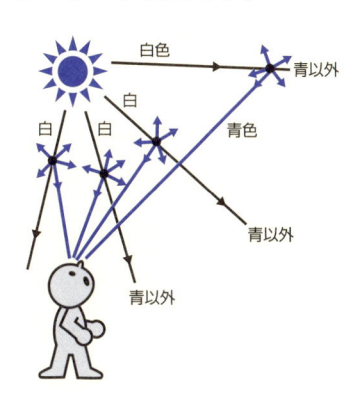

38. 夕焼けはなぜ赤いの？

　青い空をずっと眺めていると、次第に空は赤く染まっていきます。夕日が次第に赤みを増しながら沈んでいく様子を目で追うことができます。

　夕焼けはなぜ赤いのでしょうか。それは赤い光と青い光の違いを考えると理解することができます。

　赤い色の光は、波長が長い光です。一方、青い色の光は、波長が短い光です。虹の輪の外側から内側に並ぶ色の順に（赤、橙、黄、緑、青、藍、紫）、光の波長は短くなっていきます。虹が七色に見えたのは「青い光の方が赤い光よりよく折れ曲がる（屈折率が大きい）」からでした。空が青く見えたのは、「青い光の方が物（分子）にぶつかって散らばりやすいから」でした。

　夕暮れ時、太陽は水平線近くの低い位置にあります。太陽の白い光は、大気中を**真昼よりもずっと長く通ります**。その結果、**青い光は散乱し尽くされて私たちの目には届きません**。波長の短い方の色が散乱し尽くされた結果、**波長の長い赤やオレンジの光が目に届き**、夕焼けは赤く見えます。

　太陽から放たれた虹色の光が私たちの目に入るまでレースをしているとすると、**空気中を通る間に障害物に邪魔をされて、紫、藍、青、緑、黄の順に脱落していき**、最後に赤と橙がゴー

ルする(目に入る)という状況です。

　昼間の雲は白いです。夕焼けの空に浮かぶ雲は、赤く染まっています。これはなぜなのでしょうか。

　光は、波長の長さと同じくらいの大きさの物体にぶつかるとミー散乱と呼ばれる散乱を起こします。このミー散乱は、色による散乱具合の違いはあまりありません。雲は太陽光の波長と同じくらいの半径の無数の水滴でできているので、ミー散乱が起きやすい状況にあります。**白い光は白い光のまま雲に散乱されるので、雲は白いのです。**一方、夕焼けのときは、前述のレイリー散乱で赤い光しかやってきていないため、**赤い光は赤い光のまま雲に散乱されるので、夕方の雲は赤いのです。**

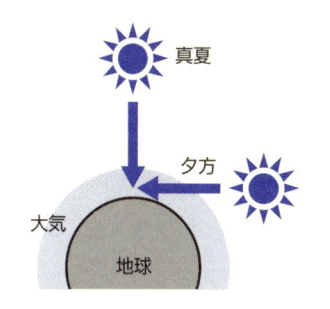

　ところで、火星の空の色は地球と全然違います。**火星では空は赤く夕焼けは青いです。**火星は空気が薄いので、レイリー散乱は起きにくく空が青くなりません。そして、赤い色の波長程度の大きさの塵が非常に多いそうです。その結果、ミー散乱で**赤色ばかり散乱して空が赤く**なります。火山が噴火したときに空が赤くなるのと同じ原理です。夕焼けのときには、光が空気中を長く通るので、塵が赤色の光を散乱し尽くして赤色の光が無くなってしまいます。そして、**レイリー散乱がほとんどないので、青色の光が目に届きます。**

39. レーザー光と普通の光とは何が違うの？

　コンサートやアトラクションなどでは、霧の中をまっすぐに進む色とりどりの光が演出に使われることがあります。この光はレーザー光です。

　レーザー光は、パソコンでプレゼンテーションをする際に指し棒の代わりのレーザーポインターとしても使われており、数千円ほどで買うことができます。

　レーザー光は、「**指向性が強く**」「**波長が一定**」で「**波が揃っていて**」「**高集中**」という特徴を持っています。この光は天然には存在しません。

　指向性が強い、とは「**光が散らばらずにずっと同じ方向に向かう**」という性質です。ライトの光などの普通の光であれば、遠くへ行くにつれて少しずつばらばらになっていきます。これは、握った豆を投げるときに似ています。投げたとき、豆のそれぞれが少しだけ違う向きに向かうので、遠くへ行くほど差が広がっていきます。

普通の光のイメージ

豆を投げる

遠くに行くにつれてバラバラになる

　波長が一定、とは、「**単色の光である**」ということです。ライトなどの普通の光でも赤いフィルムをかぶせれば赤い色になりますが、この赤い光

はいろいろな赤み（波長の少しずつ異なる赤）が混ざっていますし、フィルムごしなのであまり明るくありません。

波が揃っている、とは図のように**「規則的に波の山や谷が現れる」**という意味です。レーザー光はこの性質のおかげで狭い一点に集めることができ、CDやDVDのデータはレーザーを使って読み出されています。

高集中とは「小さな電力で明るい光が得られる（一点にエネルギーを集中できる）」ということです。乾電池数本でできるレーザー光でも目に入ると危険です。豆電球ではそんなことはありません。

レーザー(LASER)は Light Amplification by Stimulated Emission of Radiation（誘導放射の放出による光の増幅）の略で、非常に小さい物体を扱う**量子力学**という現代物理学よって実現されました。

レーザー光は医療にも使われています。金属メスの代わりに使われるレーザーメスは出血を押さえることができます。また、近視の治療では、目のレンズである角膜をレーザーで削る手術があり、短時間で済むのが特徴です。

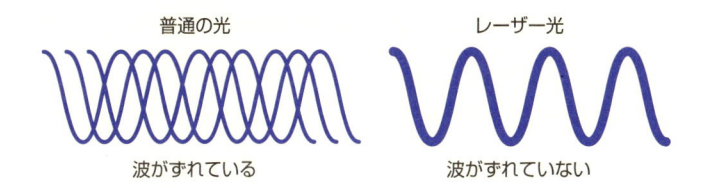

普通の光　　　　　　　　　レーザー光

波がずれている　　　　　　波がずれていない

40. むずかしいカラーフィルムのしくみ

　太古から人間は、目に映る人や風景を写し取りたいという思いを持っていました。写真が発明される前までは、その手段は絵や彫刻でした。その後、フィルムカメラが発明され、デジタルカメラが登場し、今に至っています。デジタルカメラは普及しましたが、フィルムカメラもまだまだ健在です。

　光の色の違いは波長の違いであり、太陽の光にはすべての色が含まれていると説明してきました。では、人間が自然界の色を再現するためには、すべての色を用意しなければならないのでしょうか。

　絵の具で絵を描いたことがある人なら知っているように、色は混ぜることで他の色を作ることができます。絵の具の場合、赤黄青の三色があればほぼすべての色を再現できます。これを「色の三原色」と言います。色の場合、三色全部混ぜると黒くなります。

　光の場合、赤緑青の三色ですべての色の光を再現できます。これを「光の三原色」と言います。光の場合、三色全部混ぜると白くなります。

　カラーフィルムには、**赤、緑、青の三色の光それぞれに化学反応する物質がフィルムの上に塗り重ねられています**。黄色い光がやってきたとき、赤と緑に反応する層がそれぞれ同じ程度

反応して、黄色を写し取ります。これがカラー写真のしくみです。

私たちの目には**色を感じる細胞が三種類**あります。赤、緑、青の光それぞれに反応する細胞です。「黄色だ」と思うとき「赤と緑の細胞が反応している」のです。そのため、「黄色の波長の光がやってきた」ときと「赤い光と緑の光がやってきた」とき、目は区別できません。**目が区別できないために、赤緑青の三色の光を適当に混ぜればすべての色を再現できます。**

また、人間の目は、**ある色とその補色の光が一緒に来ると「色がない」**と認識します。すべての色を含んだ光が目に入ると、それぞれの色の補色がすべて含まれているので、打ち消し合って白く見えます。また、青以外のすべての色を含んだ光が目に入ると、「青の補色である黄色」以外が打ち消し合うので黄色に見えます。**黄色の物体は、黄色の光だけを反射しているわけではないのです。**「補色である青色を吸収」しているのです。

実は、色の三原色は、光の三原色の補色でできています。ですので、より正確な色の三原色は「白―赤＝シアン」「白―緑＝マゼンタ」「白―青＝黄」の三色です。これら三色に黒色を加えると、プリンターで使われている四色インクになります。

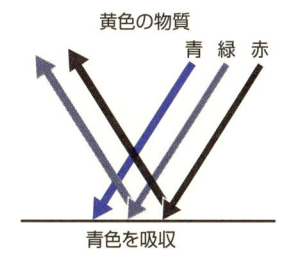

単位になった
人たち **3**

ヨハン・カール・
フリードリヒ・
ガウス
1777-1855
ドイツ

アルキメデスやニュートン以来の大天才

　単位「ガウス」は磁石の強さを表す単位です。ガウスは、物理学者としてより数学者として有名な人物です。

　ガウスは1777年、貧しい教育のない家庭に生まれました。父は庭師、商人の手伝い、保険の計算係などをしていました。ガウスは独力で数え方や読み方を覚えました。3歳のとき、父の計算間違いを指摘するという神童ぶりだったそうです。

　8歳になり小学校に上がって最初の授業で、ガウスは1から100までの和を、公式をその場で編み出して瞬時に計算し、先生たちを驚かせました。

　しかし、家は貧しく、父は無理解でした。そのため、ガウス

の数学の才能を高く評価した教師たちが彼の教育に尽力します。校長は自費で高級な数学書を取り寄せたのですが、彼は瞬く間に読破してしまったそうです。14歳のとき、小学校の先生の紹介で、ブラウンシュバイク公の宮廷で計算の技能を披露します。ガウスの能力に感銘を受けた公は、1806年にナポレオン軍との戦いで負傷して死亡するまで、彼に金銭的援助を惜しみませんでした。

　ガウスはアルキメデスやニュートンと同じくらい数学上の新しい仕事をしています。その一つに「定規とコンパスのみで正十七角形を作図する方法の発見」があります。古代ギリシャ時代以来、定規とコンパスで作図できる正N角形は正三角形と正五角形の二つしか見つけられなかったので、ガウスは2000年間誰もできなかった問題を解いたことになります。

　彼が22歳のとき、ベルリン大学で学位をもらいます。このとき数学上の基本的発見のほとんどすべてをやってしまっていたガウスは、以前から興味のあった天文学を研究します。

　天文学では、今日の科学でも使われるデータの誤差修正法を編み出して、発見後行方不明になっていた小惑星ケレスの位置を突き止めました。また、任意の場所での地磁気（地球の磁界）の大きさを与える数学公式を導出しました。

　ガウスの名は数十の公式や法則に付けられており、1932年、単位としても採用されました。

第4章 音の波

41. 音の正体は振動

　駅やお店のアナウンス、話し声、空調の音、車の走る音など、普段の私たちの周りには音が満ちあふれています。都会の喧噪を離れ山へ行くと、鳥の声、葉がこすれる音、川のせせらぎなど、聴いていると落ち着けるような音が木々の間を満たしています。

　危険を察知するのに、音は重要な役割を果たします。何かが動いたり落ちたりすると音が鳴るからです。その音が近づいているのか遠ざかっているのかで危険がせまっているのかどうかを判断することができます。

　音とは、「人間の耳で聞き取ることのできる空気の振動」のことです。振動とは文字通り「揺れ動くこと」です。物が揺れ動くには二種類の方法があり、それぞれの振動を「縦波」と「横波」と呼びます。空気の振動である**音は縦波**です。

　縦波は少々わかりにくいので、まず横波について説明することにしましょう。横波とは、「波の進む方向に対して横に揺れる波」のことです。縄跳びを地面に置いて揺らすと横波を作る

縄跳びを地面に置いて揺らす

横波　　　　　　　　横波

ことができます。また、図のように、コンサートやスタジアムで行う「ウェーブ」も横波です。ウェーブの場合、揺れは上下にあり、その波は横に進んでいきます。また、**光や電波等の電磁波は横波**です。

一方、縦波は「波の進む方向と同じ方向に揺れる波」です。図のように、人が一列に並んで押し合いへし合いしているときを考えてみましょう。一人一人はすぐ前の人と同じ動きをすることにします。それぞれがワンテンポずつ遅れると、人が詰まっている箇所が移動しているように見えます。これが縦波です。音であれば、**空気が濃い部分と薄い部分が前へ伝わっていきます。空気は前後に振動している**のです。

曲が流れているスピーカーをよく見ると、中心部の丸い部分が前後に動いているのがわかります。大きいスピーカーであれば、手を近づけると空気の流れを感じることができます。

音の正体は空気の振動ですから、何かで空気の振動を起こせば音を鳴らすことができます。スピーカーは電気の力で空気の振動を起こしています。一方、空気の振動を電気信号にすれば、マイクを作ることができます。つまり、イヤホンはマイクとは逆の働きをするのです。また、紙コップの底を揺らして空気の振動を糸に伝えれば、糸電話になります。

縦波の様子
濃い　　薄い　　濃い

42. 音の性質を調べてみよう

　妖怪や妖精など、子供には見えて大人には見えないものがあるという話があります。その真偽は定かではありませんが、子供には聞こえても大人には聞こえない音は実際にあります。モスキート音と呼ばれるもので、授業中にその音を鳴らしても教師は気づきません。なぜそのようなことがおこるのでしょうか。

　音は空気の振動でした。その空気の振動が耳の鼓膜を揺らし、鼓膜が揺れたのを感じて私たちは音を感じます。つまり、音を感じる性能のよしあしは耳の性能のよしあしで決まります。**「耳の性能は歳をとると低下」**していきます。そのため、子供には聞こえても大人には聞こえない音があるのです。

　音という空気の振動の発生源を**音源**といい、振動を増幅させる物体を**共鳴体**といいます。オペラなどの声楽家に恰幅がよい方が多いのは、自分の体全体を振動させることで、あでやかで張りのある声を出すためでもあります。

　音には三つの要素があります。それは、「音の高さ」「音の強さ」「音色」です。

　音の高さとは、「ドレミファソラシド……」という音程、音階のことを言います。**高い音と低い音の違いは空気の振動の速さの違いです。**高い音の方が一秒間にたくさん振動していま

す。**音の高さの単位はHz（ヘルツ）**です。1Hzの音は「1秒間に1回空気が振動する波」です。

　音の強さとは、音の大きさのことで、「**空気がどのくらい大きく揺れているか**」を意味します。**単位はdB（デシベル）**です。この単位は騒音問題のニュースなどで使われたりします。身近な例で言うと、20dBだと1m先の置き時計の秒針の音、60dBだと普通の会話、90dBだとカラオケの中、100dBだと電車のガード下、110dBだと2m先で聞く自動車のクラクション、です。

　音色、とは、音源や楽器による違いです。単位はありません。**音の強さと音色は人間の耳が基準**となっています。

　音は空気の振動ですから、波の性質を持っています。その一つとして、山に向かって大声を出すと自分の声が戻ってくる「やまびこ」があります。これは「**音が反射する**」性質による現象です。

　人間は歳を重ねると高い音が聞こえなくなります。つまり、「速く振動している空気を音と認識できなくなります」。17000Hzの音（1秒間に17000回振動する空気）は10代には聞こえるのですが、20代後半になるとほとんどの人が聞こえなくなります。一方、音の強さが小さい音は、歳をとるにつれてゆるやかに聞こえなくなっていきます。

43. 聞こえない音の秘密

　水族館のイルカショーを見たことがありますか？　水の中をとても速く泳ぐイルカたちは、決して水槽の壁にぶつかることがありません。彼らの祖先は、生活の場を陸上から水中に移し、水中の状況をよく知るすべを身につけることで繁栄することができました。

　私たちは水の中をよく見ることはできません。それは、私たちの目が空気のある陸上でよく見えるように進化してきたからです。イルカも私たちと同じほ乳類です。彼らの目も水の中ではあまり見えません。

　イルカたちは、**超音波**を使うことで水中の状況をかなり正確に知ることができます。超音波とは、「**人間の耳には聞こえない高い音**」のことです。

　音は空気の振動でした。音の高い低いは空気の振動の速さの速い遅いでした。人間が聞こえる音は20Hzから20000Hzまでです。どのくらい高い音が聞き取れるかは個人差があり、20代を過ぎると17000Hzの音はほとんど聞き取れなくなります。つまり、人間には全く聞こえない「20000Hz以上の高い音」を超音波と呼びます。なお、20Hz以下という**人間に聞こえない低い音のことを超低周波**と呼びます。

　イルカは水中で、クリックスという短い超音波を頭頂近くか

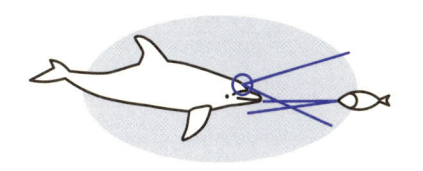

ら発します。その超音波はメロンと呼ばれる脂肪組織を通り前方へ発射されます。そして、魚などに当たり反射した超音波を下あごで受け止め情報を得ます。このような方法をソナーと言い、魚群探知機や潜水艦などで使われています。水中の音波は1秒間に1500mも進むので、遠くまで瞬時に調べることができます。イルカのソナーは非常に性能がよく、8cm離れた二匹の魚を数十m先から見分けられます。魚群探知機が昔のテレビだとすれば、イルカのソナーはハイビジョンテレビに匹敵します。

　超音波は、めがねなどの洗浄にも使われています。超音波は水を速く揺らします。そのため、無数の空気の泡が発生し、レンズについた微細な汚れを粉砕してくれます。

　超音波は人には聞こえませんが、さまざまなところで応用され役に立っているのです。

いろいろな動物の可聴域（聞こえる音の範囲）	
動物	振動数（周波数）
人	20～20000 Hz (回/秒)
犬	15～50000 Hz
猫	60～65000 Hz
いるか	150～150000 Hz
こうもり	1000～120000 Hz

44. 救急車の通過前後で音が変わる理由

　救急車のサイレンの音は誰もが一度は聞いたことがあると思います。サイレンは救急車が目の前を通り過ぎると音が変わります。救急車が走り去っていくとき、誰もが「自分の前を通り過ぎると音が変わった」と感じます。これは、どのような理由によるものなのでしょうか。

　救急車のサイレンの音は、救急車が近づいてくるときは高く、遠ざかっていくときは低く聞こえます。音は空気の振動であり、音の高さは振動の速さで決まっています。「1秒間に何回振動したか」が音の高さを決めています。これは言い換えると、**「1秒間に鼓膜をたくさん揺らした音が高い音」**です。ここに、音が変わる秘密があります。

　図のように、浜辺から海へ向かって走っていく人を考えてみます。海に入っても走り続ければ、黙って立っているよりもたくさんの波をかぶることになりますよね。逆に、海から浜辺に向かって走れば、波から逃げることになるので受ける波は少なくて済みます。音は空気の振動の波ですから、これと同じようなことが起きます。

　止まっている救急車のサイレンの音は、音階で言うと「ソー

シーソーシー」です。向かってくる救急車のサイレンの音は、音の波の間隔が狭くなります。これは、浜辺の人が海へ走っていくときと似ていて、近づいてくる分**「鼓膜を揺らす空気の振動が速くやってくる」**ためです。**たくさんの音の波が耳に入ってくるので高い音**になります。一方、遠ざかっていく救急車のサイレンの音は、音の波の間隔が広くなります。これは、海から浜辺へ走っていく人と似ていて、**耳に入ってくる音の波が少なくなるので低い音**になります。

このように、動いている物体が鳴らす音の高さが変わる現象のことを、**ドップラー効果**と呼びます。

浜辺の人は波に向かって走っていきました。同じように、音に向かって移動すると、音の高さは変わります。例えば、電車に乗っているとき、通り過ぎる踏切の音を注意深く聞くと、通り過ぎる前は高く、通り過ぎたあとは低く聞こえます。

ドップラー効果は光などの電磁波でも起きます。そのため、スピード違反の取り締まりや野球の球速測定には光のドップラー効果が使われています。また、宇宙の年齢を測定することにも使われています。

ドップラー効果

時速60km

沢山耳に入る＝音高い　　　　　　　　耳に入る波が少なくなる＝低い

45. 音の速さはどれくらい？

　花火大会の花火は、近ければ近いほど迫力がありますが、同じように考える見物客が一杯で混んでいます。しかし、あまりにも遠い場所を陣取ると、花火の光と音がずれて聞こえてしまい、臨場感がなくなってしまいます。

　遠くで見る花火で光と音がずれているというのは、「**音は光より遅い**」ということを意味しています。

　音の速さは、花火大会などで大雑把に見積もることができます。花火大会ではどこから打ち上げるかがわかっていますから、その打ち上げ位置から1km離れた場所に座ることにしましょう。

　花火の玉が花開いたとき、ドンという音が聞こえるまでの時間を1、2と心の中で数えます。時計で計っているわけではないので人によって若干違うかもしれませんが、1km離れた花火の音が聞こえるまでの時間は約3秒になります。速さは距離÷時間ですから、1000m÷3秒となり、音は毎秒約300m進んでいることが確かめられます。

　ここで、「花火が花開いたのは高い位置だから本当の距離はもっと長いんじゃないか」とか「ストップウォッチを使うべきだ」とかいろいろ疑問が浮かぶかもしれませんが、実はそれはより正確な音の速さが知りたいときにとっておきましょう。こ

こで知りたかったのは、「**音は毎秒3000mでも毎秒30mでもなく、毎秒300mくらいだ**」ということだからです。

　音の速さが秒速300mだとわかれば、空が光って1秒後に音が聞こえたとき、非常に近いところに雷が落ちたということがわかります。日常生活では大雑把にわかっていれば十分便利なのです。**物理のいいところは、大雑把な計算でいろいろわかるところです。**

　空気中での音の速さは、気温にもよりますが、**だいたい秒速340m**です。この速さを**マッハ1**と呼びます。時速で言うと時速1225kmくらいです。ジャンボジェット機の通常飛行速度がだいたい時速900kmですから、**通常のジャンボジェット機は音よりは遅いです。**

　なお、音は水の中ではさらに速く、**秒速1500m**です。鉄やガラスの場合には秒速約5500mです。音は、気体より液体、液体より固体の方が速く伝わります。

　理系の一部の人は、空が光ると習慣的に音が聞こえるまでの時間を計ってしまいます。

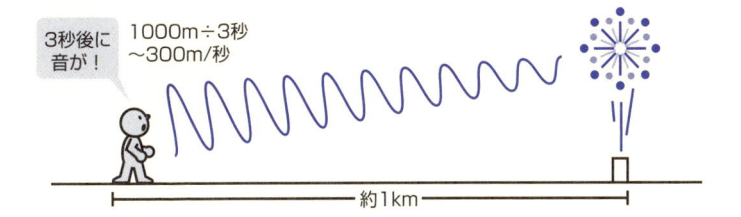

3秒後に音が！

1000m÷3秒
〜300m/秒

約1km

46. 音の波と弦の波

　良い音楽は気持ちをリラックスさせてくれます。バイオリンやギターなどは、弦を使って音楽を奏でるので弦楽器と呼ばれます。弦楽器を演奏するときは、指で弦を押さえて音程を変えます。音は空気の振動でした。弦も見ると振動しています。弦の振動と音の振動はどのような関係があるのでしょうか。

　まず、クラシックギターを例にして、弦がどのように使われているかを見てみましょう。図のように、クラシックギターは6本の弦があり、手に持ったときに上になる弦が一番太く、一番下が一番細いです。音は、一番上の太い弦が一番低く、一番細い弦が一番高くなっています。このことから、「**弦の太さが音の高さを決めている**」ことがわかります。

　ためしに、輪ゴムを使って実験してみましょう。

　輪ゴムをぴんと伸ばして弾いたときと、緩めて弾いたとき、どちらの音が高いでしょうか。ぴんと伸ばした方が音が高いはずです。これは「**弦の引っぱり具合（張力）が音の高さを決めている**」ことを意味しています。

　また、振動している輪ゴムの途中を押さえた状態で弾くと、

音は高くなります。これは「**弦の長さが音の高さを決めている**」ことを意味しています。

音は空気の振動であり、速く振動している音が高い音でした。弦も、**より速く振動する弦がより高い音を出します。**

弦が太いと音が低いのは、「**太い分重くて揺れにくい**」からです。張力が弱いと音が低いのは、「**緩いと揺れにくい**」からです。長いと音が低いのは、「**波長が長くなる**」からです。

弦には押さえた両端全体で振動する「**基本振動**」というものがあり、この波長が音の高さを決めます。基本振動の音を**基音**と呼びます。

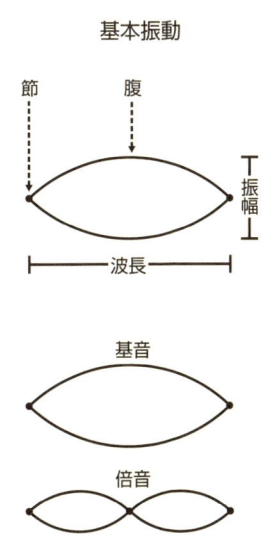

基本振動

節　　腹

振幅

波長

基音

倍音

バイオリンでは、弦の中央を軽く押さえると基音の二倍の振動数の**倍音**が出ます。これをフラジオレット奏法と呼びます。

弦の振動は横波（横揺れ）です。一方、音は縦波（縦揺れ）です。弦楽器のボディは、弦の振動の横波を縦波に変換しており、**共鳴体**と呼ばれます。ギターやバイオリンの本体の形が大切なのは、綺麗な音を奏でるのに必須の部分だからです。

47. 海の波が逆巻く理由

海には様々な種類の波があります。その波の形は季節や天気、場所によって異なります。ハワイでは、サーフィンができるような大きな逆巻いた波が起きやすいようです。海の波はどのようにできるのでしょうか。

逆巻く波

日本の太平洋側の砂浜にやってくる波は、太平洋の深い海で作られます。その原因は風です。

海の上に風が吹くと、海面には波が立ち始め、波は風に吹かれた方向（風下）へ進んでいきます。波が進む速さよりも風が強いと、背中を押されたような状況になっているので、波は大きくなっていきます。このような荒れた海に見られる波頭（なみがしら）のとがった波は「風浪（ふうろう）」と言います。一方、風がおさまったり向きが変わったりしたあとの波頭のまるっこい波を「うねり」と言います。

うねりの波長（波の長さ）は100m以上あります。また、うねりの伝わる速さはとても大きく、時には**時速50km以上**に達します。うねりの代表例は**土用波（どようなみ）**です。これは、数千km南方の台風周辺で発生した波が太平洋岸まで伝わってきたものです。南海でできた台風はゆっくり進むことが多

く、**速度の大きなうねりが台風自身よりもかなり早く海岸に到達**することがあります。

　深い海で生まれた波は、陸地に近づくと大きくなります。これは「深いところの波は速く、浅いところの波は遅い」からです。沖で生まれた速い波は、海底が浅くなるにつれて遅くなり、波長が短くなります。これは、高速道路の車間距離が料金所に近くなると狭くなるのに似ています。波は「低く速い」波から「高く遅い」波になるのです。

　ハワイのような珊瑚礁に囲まれた島だと、島の回りは急激に深くなっています。その結果、沖からやってきた速い波は珊瑚礁の浅い海底に侵入すると急激に減速されます。その結果、「**波の頭の部分が波の下の部分を追い越し**」、波が逆巻くのです。

　地震の津波は、波長が数十kmから数百kmに及び、波長が長いので一つの波が大量の海水を運んできます。そのスピードはきわめて速いです。1960年のチリ沖の地震による津波は、秒速200mというジェット旅客機並みの速さで北海道から沖縄までの太平洋沿岸に大きな被害をもたらしました。

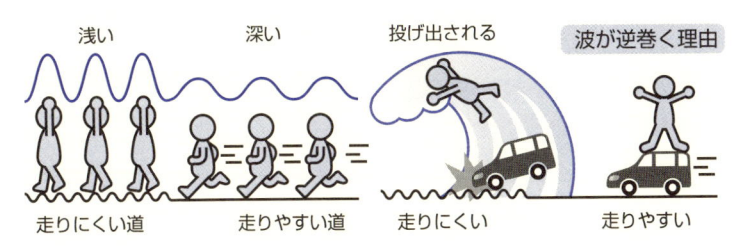

単位になった人たち 4

エルンスト・マッハ
1838-1916
オーストリア

見ることも触ることもできない仮説は嫌い

　マッハ1、とかマッハ2、というのは速さの単位で、音速の何倍速いかを表すものです。時速1225kmが音速、すなわちマッハ1です。1887年、マッハは高速で飛ぶ物体の衝撃波の写真を撮り、「飛行物体が音速に達すると気体の性質が変わる」ということを実験的に証明しました。

　マッハは1836年、現在のチェコ東部のモラヴィアに生まれました。父は頑固なギムナジウム教師、母は芸術肌の繊細な女性だったそうです。彼は、物理学者としてだけではなく、科学史家・哲学者としても有名です。

　彼は、ウィーン大学で物理と数学を学び、1864年の26歳のときグラーツ大学の教授、1867年にはブラーク大学の教授に

なり、そこで28年間勤めました。その後1895年にウィーン大学に移り、オーストリア上院議員も務めました。

マッハの有名な著書に『マッハ力学―力学の発展史』があります。この本で彼はニュートン力学を批判しました。彼の批判は非常に優れていて、後の科学の発展に寄与しています。

国語辞典で「かわいそう」を調べると「気の毒なさま」と書いてあり、「気の毒」を調べると「かわいそうに思うこと」と書いてあり、堂々巡りになっていることがあります。マッハは、ニュートンが定義した質量が同じように堂々巡りになっている、と論じました。「ニュートンは質量を『物質の密度と体積の積（かけ算）』としているが、密度は『体積当たりの質量』ではないか」と批判しました。

彼は同時代の他の科学者とは少し変わっていました。彼は、「直接的にせよ間接的にせよ、見ることも触ることもできないものの存在を仮定するのはおかしい」と言い、原子の存在を否定しました。また、エネルギー保存の法則も否定しました。彼は極端な実証主義者だったのです。なお、現在、原子は走査型トンネル顕微鏡で見ることができます。

マッハという単位は、流体の圧縮性の大きさを示す「マッハ数」が由来です。音速を超えると、圧縮されやすさなどの空気の性質が変化します。その性質はマッハが明らかにしたので、「マッハ」が音速の速さとして呼ばれ始め、今に至っています。

第5章 …… **熱と温度** ……

48. 熱と温度の正体

熱という言葉を日常生活で使うときは、風邪を引いたときが多いのではないでしょうか。「平熱に戻った」とか「今日は熱っぽい」というように使われます。

風邪を引いて、「平熱」や「熱っぽい」という言葉を使うときは、「体温が平常」「体温が高い」という意味で使っています。つまり、普段は「熱と温度は同じ意味」で使っています。しかし、物理学では、**熱と温度の意味は少し異なります。**

温めたフライパンを思い浮かべてください。触ると熱いです。このとき、フライパンは高い温度になっています。フライパンに触れずに上に手をかざすと、暖かさを感じることができます。これは、フライパンから熱が放出されていることを意味しています。つまり、**「熱をよりたくさん出せる物体は、温度がより高い物体」**です。

温度と熱は少し意味が異なる

昔から人間は、熱や温度とは何だろうかと考えてきました。18世紀中頃には、熱素という目に見えないものが物質の中にしみ込んで溜まっている、と考えられ、熱素が熱の正体だと思われていました。

18世紀末、応用物理学者のラムフォードは、大砲の穴をくり

ぬく作業を見ていました。くりぬく作業は、金属をドリルで削ります。金属をドリルで削ると、摩擦で大砲はとても熱くなります。

彼はそれを不思議に思いました。もし熱が熱素という物質であれば、くりぬき作業が続くうちに熱素が無くなり熱くならなくなるはずだからです。これをきっかけにして、彼は熱素説が誤っているのではないか、と考えました。

空気には窒素や酸素などの分子があります。この分子一つ一つは好き勝手に飛び回っています。温度が高い空気は、**「分子の飛び回る速さが大きい」**のです。

温度が高い空気に触れると、手に窒素や酸素の分子がぶつかってきます。温度が高いとより速い分子がぶつかってきます。一つ一つが速いと大量に手にぶつかってくることになり、これを人は「熱い」と感じるのです。

言い換えると、**「温度とは分子の運動の激しさ」**です。高温の物体と低温の物体を接触させると熱が流れます。熱い物体の分子の動きが冷たい物体の分子に伝わり、熱が流れるのです。

温度や熱は、**目には見えない無数の小さな分子の動き**が原因です。

分子
小さくて軽いものが無数に手にぶつかってくる＝熱い！

49. 温めるとなぜ氷が水になり、水蒸気になるの？

　夏になると、かき氷を食べたくなる暑い日が多くなります。海や遊園地、動物園などで売られているかき氷は、普段食べないこともあって格別おいしく感じられます。のんびり食べていると、氷はどんどん溶けていきます。子供が、カップをひっくり返す勢いでシロップ入りの氷水を飲み干す光景はほほえましいものです。

　氷は、部屋や外など暖かいところに放置しておくと、どんどん溶けて水になります。また、鍋にふたをせずに水を火にかけると、沸騰してだんだん鍋の水が少なくなります。氷は温めると水になり、水は冷やすと氷になります。なぜでしょうか。

　水とは何でしょうか。水は、水素原子二つと酸素原子一つが合体した分子でできています。水はH_2O（えいちつーおー）と呼ばれます。水素原子Hと酸素原子Oのなす角度は105度で、いつも変わりません。この水分子が、**くっついたり離れたりしながらごちゃごちゃと動き回っているのが水**です。

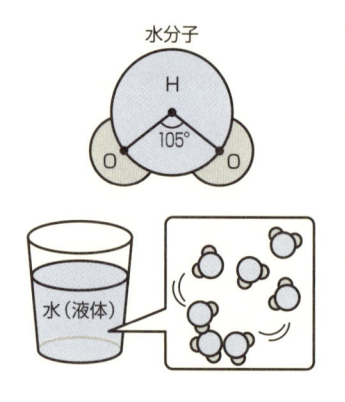

　水を冷やすと氷になります。冷やすということは温度を低くする

ということです。前項で述べたように、「**温度とは分子の運動の激しさ**」でした。温度が低いということは、分子の運動が激しくない、ということです。水は、**冷やしていくと動き回れなくなり固まります**。これが氷です。

　水を温めていくと温度が高くなっていきます。温度が高くなると水分子の運動が激しさを増します。あまりにも激しくなると、**一つ一つの分子が勝手気ままに飛び回り始めます**。これが水蒸気です。水は水蒸気になると体積が1000倍以上になります。なお、鍋を沸かすと白い湯気が出ますが、湯気は水蒸気ではありません。**水蒸気は目には見えません**。白い湯気は小さな水滴です。

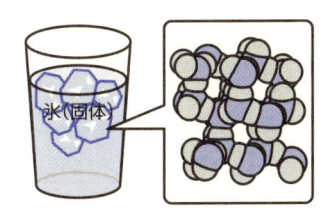

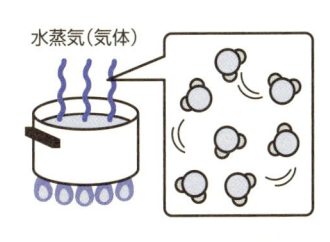

　水に限らず、ほとんどの物質は温めると固体から液体へ（**融解**）、液体から気体へ（**気化**）と変化します。これらの変化を**相転移**と呼びます。ケーキを冷やすときなどに使うドライアイスは二酸化炭素の固体です。ドライアイスは放っておくと消えてなくなってしまいますが、これは二酸化炭素が固体から直接気体へと変化（**昇華**）する性質を持つからです。

50. 水はなぜ100℃以上にならないの？

　水が100℃で沸騰するということは、ほとんどの人が知っていることです。水が95℃で沸騰したり105℃で沸騰したり温度が変わることは、ほとんどないように思えます。なぜ、いつも水は100℃で沸騰するのでしょうか。水が100℃以外で沸騰する状況はあるのでしょうか。

　前項で述べたように、水は水分子がごちゃごちゃと動き回っている状態であり、水蒸気は水分子一つ一つがあちこちへ自由に飛び回っている状態でした。温度を上げると「分子の運動の激しさ」が増すので、水分子は飛び回ろうとして水蒸気になります。

　水は、火にかけなくても水蒸気になることがあります。コップの水は部屋に放っておくと、水かさが減っていきます。これは、**水の表面の水分子が空気中に飛び出ていくため**です。空気中の水分子が水の中に飛び込む場合もあるのですが、外へ飛び出す水分子の方が数が多く、結果的に水かさが減っていきます。より暖かい水の方が水分子の運動が激しいので、よりたくさん空気中へ飛び出ていきます。

　空気には気圧という圧力があります。気圧は水の表面をぐい

ぐいと押さえつけています。この押さえつけに逆らうほどの勢いがある水分子しか、空気中に出られません。

水が100℃になったとき、水分子のほとんどが、押さえつけに逆らえるほどの激しい運動をしています。その結果、沸騰します。言い換えれば、「**空気の押さえつけ（気圧）に水分子の運動が勝つ温度が沸騰する温度**」ということです。

私たちが暮らしている地上では、空気はだいたい1気圧です。温度が定められた当時、「1気圧で水が沸騰する温度（沸点）を100℃、凍る温度（凝固点）を0℃とする」と決められていました。現在は温度の定義が少し変わり、**1気圧での沸点は99.974℃**になっています。

富士山山頂でご飯を炊くとおいしくない、という話を聞いたことがありますでしょうか。これは、富士山山頂では空気が薄く、気圧が低いからです。空気による押さえつけの強さと水分子の運動の激しさの力関係が沸点を決めますから、気圧が低くなると沸点も低くなります。そのため、富士山山頂では水は約88℃で沸いてしまいます。

圧力鍋は火の通りが早く、短時間で調理ができます。**圧力鍋は中の圧力を高めて沸点を上げています**。富士山山頂とは逆に、水は120℃以上の高温で沸騰します。火を止めても100℃を超えています。

水の沸騰する温度は、気圧によって変わるのです。

51. 熱量はカロリーで表せる

　最近の食べ物の袋には、「カロリー」が表示されています。また、ファミリーレストランのメニューにもよく書いてあります。「カロリーを摂りすぎなければ痩せる」ので、1日で食べるカロリーの量を調整するのはダイエットの基本です。

　普段何気なく使うカロリーですが、これは何を表す単位なのでしょうか。

　日常生活で使う「カロリー」は、より正確に言うとkcal（キロカロリー）です。お菓子の裏を見ると「100 kcal」などと書いてあると思います。本当は「キロカロリー」と言うべきなのですが、食べ物で「カロリー」というと常に「kcal」しか出てこないので、慣習的に「カロリー」と呼ばれています。

　昔の人は、熱は「熱素という物質」であると考えていました。熱素は、英語では「Caloric」（カロリック）と言います。この「カロリック」が「カロリー」の語源です。つまり、「**カロリーは熱量の単位**」なのです。

　熱い物体の近くに手をかざせば熱を感じることができますが、熱自体は目に見えません。温度とは「分子の運動の激しさ」でした。「熱エネルギー」と言われるように、**熱はエネルギーの一種**です。

　そこで、「カロリー(cal)」という単位は「**1 calは水1gの温**

度を1℃上げるのに必要な熱量」として決められています。つまり、「水の温度が1℃上がるまでに伝わった火の熱さを熱量」とすることにしたのです。水2gを1℃上げるには2cal、水1gを10℃上げるには10calが必要です。

普段食べ物の袋などに書かれている「kcal」という単位は、カロリーの1000倍です。つまり、「**水1ℓの温度を1℃上げるのに必要な熱量が1kcal**」です。

人が1日に必要とする最低カロリー（基礎代謝量）は、年齢性別にもよりますが大体1500kcalです。私たちが口にした食べ物は、体内でエネルギーに変わり、体を動かしたり体を温めたりすることに使われます。私たちは「**食べ物から熱をもらっている**」とも言えるかもしれません。

なお、熱量の単位はカロリーの他に「J（ジュール）」というものがあります。この単位は物理学ではよく使われます。この単位を使うと、炎と電流という、一見全く違うように見えるものが、「エネルギー」として関係づけられます。「1calは4.2J」です。つまり、「**電気のエネルギーが4.2Jあれば、水1gを1℃上げられる**」ことがわかります。

52. 比熱が大きい物は温まりにくく、冷めにくい

　熱しやすくて冷めやすい性分、と言う人は「のめり込むのも早いが飽きるのも早い」と思っている人です。恋愛の場合、一般に男の人の方が「熱しやすくて冷めやすい性分」のようです。「熱しにくくて冷めにくい」という逆の性格の人はいるかもしれませんが、「熱しやすくて冷めにくい」というような性格の人はあまり見かけません。

　海水浴に行くと、足が焼けそうなくらい砂浜が熱くても、海の水はやけどするほど熱くはなっていません。太陽の光は砂にも海にも降り注いでいますから、太陽の熱は砂にも海水にも同じくらい伝わっているはずです。なぜ、砂の方が熱くなっているのでしょうか。

　その理由は、「**砂は熱しやすくて冷めやすく**」、「**水は熱しにくくて冷めにくい**」からです。

　鍋に水を入れて火にかけたとき、指を入れても問題ないくらい水はぬるいのにもかかわらず、鍋に触るとやけどしてしまう場合があります。コンロの熱は鍋にも水にも伝わっているので

すが、「水の方が温まりにくい」ためにこのようなことが起きます。

　水や砂、鍋や水など、同じだけ熱を与えても、ものによって温度の上がり方が異なっています。「どのくらい温まりやすいか」を表す言葉に、「比熱」があります。

　比熱は、「ある物質1gの温度を1℃上げるために必要な熱量」のことです。言い換えると「温めるのにどれだけ熱が必要か」が比熱です。**比熱が大きい物体ほど温まりにくく冷めにくい**です。

　温度とは「分子の運動の激しさ」でした。比熱が大きい物質は「分子を運動させにくく、一度運動しはじめるとそのままでいようとする」という性質があり、これは氷の上で重い物体を動かすときと似ています。比熱がわかると、**熱量は（比熱）×（質量）×（温度変化）**で求められます。

　比熱は、水と比べてどのくらい温まりやすいかを基準として測られることが多いです。つまり、**水の比熱を1として、何倍の熱が必要かを測る**のです。

　水の比熱を1とすると、鉄は0.1です。つまり、火にかけて、水100gを1℃上げたとき、100gの鉄は10℃も上がってしまいます。

　水の比熱が大きいので、**昼間は砂浜が熱く、夜は海が暖かい**です。これは、海には保温の働きがあるためで、冬には海の近くより内陸の街の方が冷え込みます。

第5章　熱と温度

53. 海の近くの気候が温暖な理由

　日本で一番暑い街、寒い街はどこにあるのでしょうか。日本で最も暑い街の一つに埼玉県熊谷市と岐阜県多治見市があります。これら二つの街は2007年に40.9℃という気温を記録しました。日本一の最低気温を記録したのは北海道旭川市で、1902年にマイナス41℃を記録しました。冬の平均気温が日本一低い街の一つは北海道陸別町です。この街は最低気温がマイナス30℃近くになります。また、この陸別町は、北海道にあるにもかかわらず夏に30℃を超える日があります。

　日本で一番暑い街と寒い街を地図で調べてみると、興味深いことがわかります。**どの街も、海から遠く離れた内陸で山に囲まれた盆地にあります。一方、海のそばの街は温暖な気候であることが多いです。**

　この違いの秘密は、海にあります。

　比熱とは「ものの温まりやすさ冷めやすさの度合い」でした。比熱が小さい物体は熱しやすく冷めやすいです。水の比熱を1とすると、「**ほとんどの物質は水よりも比熱が小さい**」のです。

　昼間の砂浜の砂は海水より熱く、夜は海水より冷たいです。では、昼間は、砂の上の気温と海の上の気温は、どちらが大きいでしょうか。

砂の方が熱くなっているので、もちろん砂の上の方が気温が高いです。ボートなどの水上の乗り物に乗る機会があれば、水の上の方が涼しいということを実感できると思います。**昼間は陸地が暖かく、夜は海が暖かいのです。**

　昼間は砂浜が熱く、空気は暖められます。暖められた空気は軽くなるので、上昇気流になります。その結果、**海から陸へと風が吹きます（海風）**。夜は砂浜は冷えており、空気は冷やされます。冷えた空気は重いので、下降気流が起きます。その結果、**陸から海へと風が吹きます（陸風）**。また、海風と陸風が切り替わる瞬間があり、このとき凪という無風状態になります。

　海の近くの街では、昼は冷たい海の空気が、暑さをやわらげてくれます。夜は陸の冷たい空気が海へ流れてくれるので、寒さをやわらげてくれます。**海のおかげで穏やかな気候になっているのです。**

　水の比熱が大きいことを利用した道具として、「**湯たんぽ**」や「**水まくら**」があります。一度温めてしまえば冷えにくい性質が湯たんぽに、冷たくしてしまえば温まりにくい性質が水まくらに使われています。

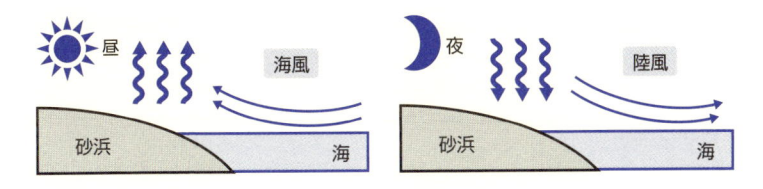

54. 温度が下がると熱はどこにいくの？

　冷蔵庫は、現代の生活には必需品です。エアコンは暑い夏には欠かせません。両方とも温度を下げる道具です。私たちの身の回りには、ドライヤー、炊飯器、電気ポッド、ホットプレートなど、温度を上げる道具はたくさんありますが、温度を下げる道具というのは冷蔵庫とエアコン以外にはあまりありません。

　エアコンは部屋の温度を下げます。温度が下がったということは、熱が部屋から無くなったということです。この熱はどこへいったのでしょうか。

　病院や家で、消毒用のエタノールを使ったことがありますでしょうか。注射をされるときに消毒用エタノールで腕を拭かれるとひんやりとします。**エタノールでひんやりするしくみとエアコンが空気を冷やすしくみは同じです。**

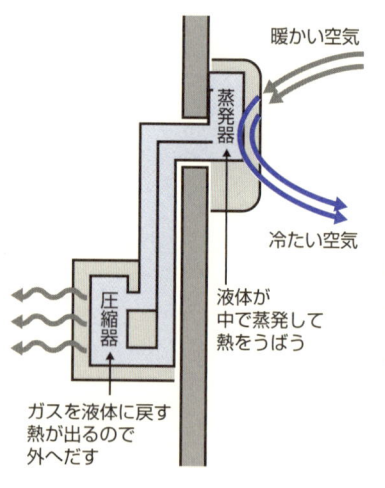

　水やエタノールなどの液体は、**蒸発するとまわりから熱を奪います**。この奪う熱を**気化熱**と言います。

　エアコンには、蒸発器というものが付いています。この

蒸発器の中で液体が蒸発してガスになります。**部屋の暖かい空気はこのガスに熱を奪われ、冷えます**。空気から熱を奪って暖かくなったガスは、パイプを通って室外機に行きます。室外機には圧縮器があり、ガスを圧縮して液体に戻します。**ガスが液体になると、今度は熱が発生**します。出た熱はファンで外に出されます。

　液体はパイプの中で蒸発するので、部屋にも外にも漏れません。ですので、電気が続くかぎりずっと冷やし続けることができます。

　冷蔵庫も同じ原理で庫内を冷やしています。唯一の違いは室外機がないことです。そのため、冷蔵庫は背面から熱を放出しています。冷蔵庫の後ろが熱いのはこれが原因です。

　最近、都市の気温が郊外より上がっています。これは、エアコンの使用のせいでもあります。**エアコンは部屋の気温を下げて外の気温を上げる機械**だからです。

　さらに注意すべきことは、**熱は同じ量だけ部屋から外へ移動したわけではない**、ということです。エアコンを動かすとその分機械が熱を発します。電気エネルギーが熱エネルギーに変わって、熱が増えたのです。冷蔵庫のドアを開けっ放しにしても部屋が冷えないのと同じです。

　何かを冷やすどんな機械も、冷やした以上の熱をどこかへ捨てなければならないのです。

55. 温度はどこまで下がるの、上がるの？

　身近なもので、温度が高いものや低いものには何があるでしょうか。料理器具で温度が高くなるものとしては、オーブン、グリルなどがあります。また、ろうそくの火やガスコンロの火の温度も高そうです。温度が低いものとしては、冷蔵庫の冷凍室やドライアイスなどがあります。

　ろうそくの炎は赤く、ガスコンロの炎は青白いです。ろうそくの炎の温度は1000℃、ガスコンロの炎は1700℃くらいです。ガスコンロの火が身近で一番温度が高そうです。

　私たちが普段目にするもので一番熱いのは、太陽です。太陽の**表面温度は約6000℃**です。太陽は巨大なガスの固まりで、内部で核融合という原子力の火を燃やしています。**その中心の温度は1500万℃**にもなります。

　太陽の中心より高い温度は存在するのでしょうか。

　私たち人間は、「地上の太陽」などと呼ばれる「核融合発電」の実現を目指しています。核融合発電の燃料となる重水素は、海水に豊富にあり、エネルギー問題を解決できると言われています。

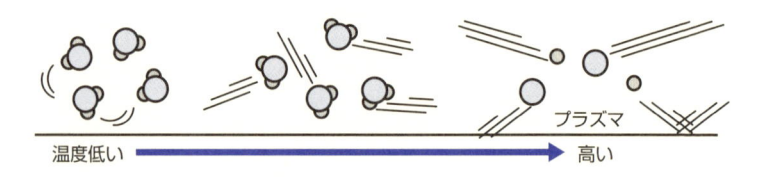

温度低い　→　高い　　プラズマ

いまだ実用化には遠いですが、日本でも核融合発電の実験設備は作られており、その設備では5億2000万℃が達成されました。

温度とは、「分子の運動の激しさ」とすでに述べました。運動というのはエネルギーさえ与えればいくらでも激しくなります。ですので、**温度はどこまでも上がります**。あまりにも高い温度だと、分子はバラバラになり、プラズマという状態になります。この状態ではどんなものも溶けてしまうので、非常に強い磁界で閉じ込めたりします。

では逆に、温度はどこまで下がるのでしょうか。

分子の運動の激しさが温度ですから、「激しくなければ温度が低い」と言えます。そう考えると、**「分子が止まった」というような状況よりは温度は下がらない**ことがわかります。この温度を**絶対零度**と呼び、**マイナス273.15℃**です。物理学では、絶対温度から測った**K（ケルビン）**という単位が便利なので使われています。0℃は273.15Kになります。

絶対零度には絶対に到達できません。これまで作り出された最低温度は400万分の1Kです。宇宙空間の温度が約3Kですから、この温度が非常に低いことがわかると思います。

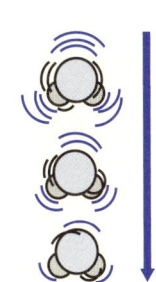

なお、量子力学という**現代物理学**によれば、**絶対零度でも分子は止まっておらず、ほんの少し振動しています**（零点振動）。

単位になった人たち **5**

ジェームズ・プレスコット・ジュール
1818-1889
イギリス

自宅に実験室をつくった酒造家にして物理学者

　熱やエネルギーの単位に「ジュール」があります。彼はエネルギー保存則の発見に貢献した人物です。ジュールは教授職に就こうとはせず、生涯自宅で研究をしました。

　ジュールは1818年、裕福なビール醸造業者の4番目の息子としてイギリス北西部に生まれました。長兄二人は幼少期に亡くなり、彼本人も病弱だったそうです。

　彼の家は非常に裕福で、学校へ行かずすべて家庭教師に教わり勉強をしました。16歳の頃には、ケンブリッジに行き、ドルトンという化学者に化学の個人授業を受けます。ドルトンは「すべての物質は非常に小さな分割できない原子でできている」

という原子説を提唱した一流の化学者です。

ジュールは温度と熱量の研究に非常に熱心でした。彼は新婚旅行にも測定用の温度計を持って行きました。旅行の大半を過ごしたアルプスで、奥さんをほうっておいて滝の上流と下流の温度差を熱心に測定し続けたそうです。

ジュールは、父に建ててもらった自宅実験室で、自己資金を使って実験をするいわゆる「フリーの物理学者」でした。

彼が21歳のとき、電流と熱との関係を明らかにした「ジュールの法則」を発見します。ロンドン王立協会に論文を送りますが、要約しか載せてもらえませんでした。また、熱と力学的仕事の関係を見いだし、英国科学振興会へ論文を送付しましたが、無視されました。彼はフリーであるが故に軽く見られおり、また、誰も論文の内容を理解できなかったのです。

転機は29歳のときに訪れます。大英学術協会の分科会で発表したのですが、またも興味を引きませんでした。ただ一人、当時すでに一流の学者だった23歳のウィリアム・トムソンを除いて。発表直後トムソンはジュールに声をかけ、夜の懇談会では熱力学について議論を交わし、意気投合しました。トムソンは彼の功績をあちこちで強調し、31歳のときジュールは名誉あるロンドン王立協会の会員に選ばれました。

彼は熱とエネルギーの関係を見いだしました。その功績を記念して、1948年、単位「ジュール」が定められたのです。

第6章 電流とそのはたらき

56. 電流は何が流れるの？

　私たちの生活には電気は欠かせません。本から目を上げて周りを見回せば、電気を使う製品は少なくとも2、3個あるのではないでしょうか。

　冬の乾燥した日にセーターなどを着ていると、ドアノブを触ったときにバチっとすることがあります。これは静電気です。静電気は嫌なことばかり起こすわけではありません。コピー機は静電気を使った発明品です。

　何かをこすると静電気が出るということは、古代から知られていました。しかし、流れた電気である電流を作るには、1800年のボルタの電池（ボルタ電池）が発明されるまで待たなければなりませんでした。

　乾電池にはプラスとマイナスがあります。単3形乾電池であれば、とんがっている方がプラス極、平らな方がマイナス極です。小学生や中学生時代に、乾電池に導線をつけ、豆電球などを光らせたことがありますか。豆電球は電流を流すと光ります。

　さて、電流は何が流れているのでしょうか。

　昔の人は、電気というのは何か水のようなもの（流体）だと思っていました。電流は電気という液体が流れているものだと想像していたのです。その液体はどちらに流れているかわから

なかったので、「**プラス極からマイナス極に電流は流れていることにする**」と決めたのです。このとき、液体の正体はわからないままでした。

ボルタの電池の発明から約100年後の1897年、トムソンが**陰極線**という放電ができる装置を使い、**電子を発見**しました。その後、**電流は電子の流れ**であることがわかりました。導線の中で、「**電子はマイナス極からプラス極**」に流れています。

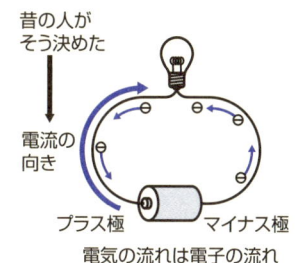

電流は電子の流れであることが明らかになり、「電気はマイナス極からプラス極」に流れていることがわかったわけですが、「電流の向きはプラス極からマイナス極」のままでした。なぜなら、**発見した電流のいろいろな公式を一つ一つ変更するのは面倒**だったからです。

電気現象自体は、紀元前600年頃から知られていました。ギリシャのターレスが「琥珀をこするとものを引きつける現象」を発見していました。電子は英語でelectronと言いますが、この**electron**は「エーレクトロン」という「琥珀」を意味するギリシャ**語に由来**しています。

電流は電子の流れです。ですので、**電子がたくさん流れているほど電流が大きい**ということになります。**電流の単位はA（アンペア）**です。

57. 導体、半導体、絶縁体の違い

　身の回りにはたくさんの電気機器があると思います。扇風機や電気ポッドなどはひと昔前からありましたが、パソコン、携帯電話などは、ここ十数年で身近になった機械です。

　電気機器は、電気・電子機器と呼ばれることがあります。電子機器というのは、ラジオやテレビ、電卓や携帯電話などの機械のことを言います。電気を使ってより複雑なことをしているのが電子機器だと考えるとわかりやすいかもしれません。最も単純な扇風機は、電気の力で羽を回すだけなので、どちらかというと電気機器です。

　さて、新聞やテレビで「半導体」という言葉を聞くことがあります。「半導体」は、「デジタル家電」、「パソコン」、「携帯電話」などに関連するニュースで用いられます。「半導体」というからには、「半分導体」という意味なのでしょうか。「導体」とはどんなものなのでしょうか。

　導体、半導体、絶縁体、という三つの言葉のうち、一番わかりやすいのは絶縁体でしょう。**絶縁体とは、ゴムなどの「電気を流さない物質」**のことです。他には、プラスチック、ガラス、空気、などがあります。絶縁体だからといって絶対に電気を流さないわけではありません。非常に高い電圧をかけると、流れることがあります。例えば、雷は空気中を電気が無理矢理

流れる現象です。

次に、導体についてです。**導体とは、絶縁体の反対で「電気を流しやすい物質」**のことです。金属は導体です。金属は絶縁体よりも電気の流れやすさが1,000,000,000,000倍（1兆倍）くらい違います。

さて、最後に半導体についてです。一言で言えば、**半導体は、「導体より電気を流しにくく、絶縁体より電気が流れやすい物質」**です。国語辞典などにはこう書いてありますが、いまいちぴんと来ないと思います。この説明だけでは、半導体がパソコンや携帯電話に使われる理由がよくわかりません。

電気をほんの少し流す物質が半導体です。シリコンなどが半導体です。電子機器には、このシリコンに微量の不純物を混ぜて使います。導体や絶縁体にはない、半導体の最大の特徴は、入れる不純物の量を調整したり温度やかける電圧を変えたりすることで「**電気の流しやすさを自在に変化させられる**」ことです。

導体、半導体、絶縁体の違いは、**電流の流しやすさで決められています。**2000年にノーベル化学賞を受賞した白川英樹博士は、導電性プラスチックを発見しました。普通のプラスチックは電気が流れない（絶縁体）のですが、彼は電気を流す（導体）プラスチックを発見したのです。

58. 回路ってなに？

　ここ数十年で、電子機器は非常に小さく安くなりました。たとえば、日本で最初の電卓は1964年に発表されました。このときの電卓は重さ25kg、価格は当時の値段で50万円以上でした。現在では、ポケットサイズの電卓が100円ショップで売られています。

　このような小型化を可能にしたのは、IC（集積回路）やLSI（大規模集積回路）です。集積回路というのは文字通り「回路を集めた」ものです。では、この「回路」とは何でしょうか。

　回路、と聞くと思い出すものの一つとして、「回路図」があります。回路には「直列回路」「並列回路」などがあります。回路とは「電気の通り道を輪にしたもの」です。

　中学校の理科の実験で、豆電球と電池をつなげて光らせたことがあると思います。つなぎ方を変えると、明るさが強くなったり弱くなったりします。「どのようにつなげているかを描いたのが回路図」です。回路図には記号が使われていて、味も素っ気もありません。これは「**絵心がない人でもきちんと描けるように、誰でも見てわかるように**」シンプルな図になっています。絵心があ

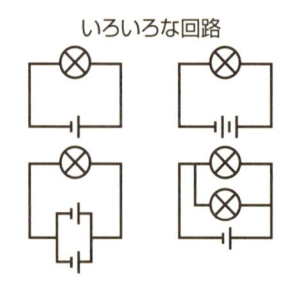

いろいろな回路

るのであればスケッチをしても構わないのです。けれども、「**どんなに綺麗に描いても、結局つなぎ方が同じであればどれも結果は同じ**」なので、あえて綺麗に描かないのです。

回路に使う記号ですが、1999年に記号の改訂が行われ、**現在の中学生は抵抗の記号が昔と違います**。

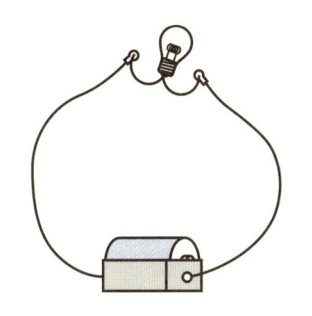

中学校で使う記号は、スイッチ、電池、豆電球、抵抗、くらいですが、その他にもいろいろあります。これらの**回路を非常に小さくまとめたものが集積回路**です。集積回路はレンズを使って作ります。映画のフィルムはスクリーンに大きく映りますが、その逆の作業で非常に小さく映して回路を焼き付けて作るのです。集積回路の部品の数は1億を超え、その**一つが動かないだけでも不良品**になります。日本の人口が1億3000万人くらいですから、LSIがとても精密にできていることがわかると思います。

59. 電気の圧力に注意

　日本で使っている家電製品を海外へ持っていったことはありますか。海外へ行ってまず驚くのは、コンセントの形が日本と全然違うことです。また、アメリカはコンセントの形は日本と同じですが、日本から持ってきたドライヤー等を不用意に差し込むと、故障する可能性があります。最悪の場合、火災が起きることがあります。海外に家電を持っていく場合は、変圧器を用意したり、海外対応の家電を買ったりする必要があります。

　同じコンセントに見えるのに、故障したり火災が起きたりする原因は、「**日本と他の国では電圧が異なる**」からです。

　電圧の単位はV（ボルト）です。これは、初めて電池を発明したボルタにちなんで付けられています。

　日本のコンセントの電圧は100Vです。一方、アメリカの電圧は120Vです。また、ヨーロッパ諸国は200Vを超えているところが多いです。

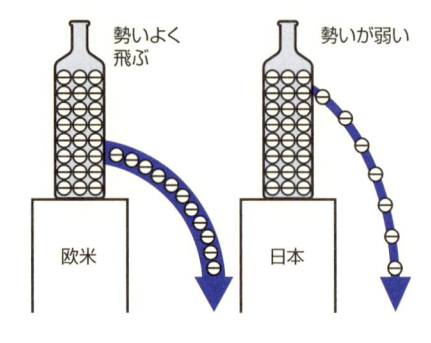

　電圧とは「**電子を押し出す力**」です。つまり、電圧が高いほど電子が勢い良く飛び出していきます。これはペットボトルに入っている水の勢いにたとえ

ることができます。ペットボトルに開けた穴の位置が深いほど水の勢いが大きくなります。つまり、**欧米では**水の深さが深く、**日本では浅い**、と言えます。

日本の家電製品をヨーロッパなどのコンセントにつなぐと**電子の勢いが強すぎて発熱します**。コンセントの形状を変えるプラグを付けただけでは、日本の家電製品は使えないのです。

なお、日本の100Vという電圧は世界で一番低い電圧です。これは第一次世界大戦頃に家庭に普及していた電球が100V対応で、それ以上の電圧では使えなかったからのようです。

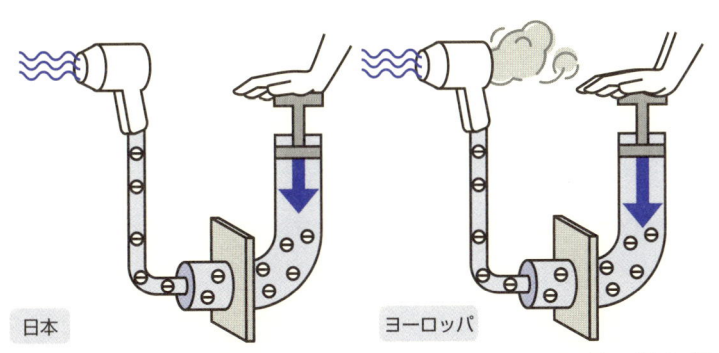

日本のドライヤー(弱い電圧向け)をヨーロッパへ持っていくと電子の勢いが強すぎる

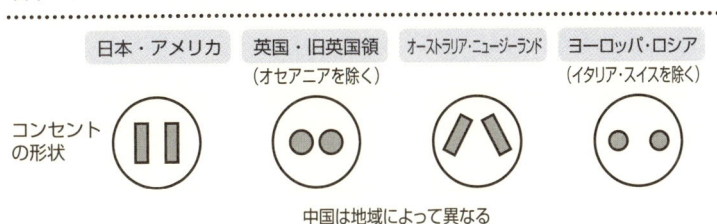

	日本・アメリカ	英国・旧英国領(オセアニアを除く)	オーストラリア・ニュージーランド	ヨーロッパ・ロシア(イタリア・スイスを除く)
コンセントの形状	❙❙	◉◉	╲╱	◉◉

中国は地域によって異なる

60. 電気抵抗は電流の摩擦

「抵抗」という言葉は、「ここで喋るのには抵抗がある」や「抵抗すれば撃つ！」など、何かにあらがうという意味で使われます。空気抵抗、水の抵抗など、物理学でも抵抗という言葉を使います。

電気回路にも、抵抗が出てきます。回路図の「抵抗器」です。この記号は「ここに抵抗があるよ」という意味です。本当は導線にも抵抗があるのですが、すごく小さいので普通は無視します。

さて、電気抵抗とは何なのでしょうか。抵抗とは、「何かにあらがう、妨げる」という意味でした。電気抵抗は**「電気が受ける抵抗」**です。回路に流れる電気は電流ですから、**「電流が受ける抵抗」**とも言うことができます。

電池と抵抗器をつなげると、電流が流れます。電流は電子の流れでした。電流が抵抗を受けるということは、**「電子が抵抗を受ける」**ということです。

すべての物質は原子からできています。固体の中では、原子は格子を組んで規則正しく並んでいます。温度とは「分子の運動の激しさ」ですから、室温の原子たちはぶるぶると震えて（振動して）います。電子は、格子の中を通り抜けていきます。電気抵抗とは**「流れている電子が、揺れる格子を避けようとし**

て」生じます。

　電気抵抗の様子は、アーケード街を自転車で通り抜ける状況に似ています。アーケード内の人は格子、自転車は流れている電子です。自転車の人は、歩いている人にぶつからないように慎重に進まないといけません。

　電気抵抗は電流の摩擦のようなものです。アーケードのたとえで言うと、アーケード内の人がたくさんいたりせわしなく動き回っていると、自転車は通りにくくなります。

　抵抗の単位はΩ（オーム）です。この「オーム」は「オームの法則」を発見したオームの名前から取った単位です。**オームの法則は「電圧が2倍になると電流が2倍になる（比例する）」**という法則です。つまり、（電圧）＝（抵抗）×（電流）です。これは、書き換えると（電流）＝（電圧）÷（抵抗）です。「電圧を人の気力」、「抵抗をやる気を削ぐ要因」と考えると、「電流は走る速さ」とたとえることができます。つまり、「**気力が多いほど、やる気を削ぐものが少ないほど、走る速さは大きい**」のです。

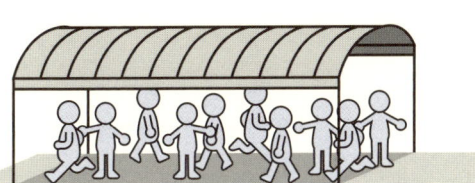

電気抵抗のイメージ

61. アルカリ電池とマンガン電池と充電池

　電池には様々な種類があります。車に使われる大きなバッテリーや、携帯電話に使われる平べったい電池、なじみ深い単3形乾電池、ボタン電池など、形状も用途も違う電池があり、私たちの生活を支えています。この項では、電池の種類と特徴について考えることにします。

　同じ形をしている単3形乾電池にも、いろいろな種類があります。充電できないものとしては、アルカリ乾電池、マンガン乾電池、充電できるものとしては、ニッケルカドミウム（ニカド）電池、ニッケル水素乾電池などがあります。

　単3形乾電池の表示を見ると、「1.5V」と書いてあります。これは「この電池を使うと電圧が1.5V出ますよ」という意味です。アルカリ電池にもマンガン電池にも「1.5V」と書いてあります。両方とも1.5Vなら、アルカリ電池とマンガン電池の違いは何なのでしょうか。

　実は、**単3形乾電池はいつも1.5V出ているわけではありません**。電流を流していくうちに電圧が下がっていきます。**電圧が下がりすぎて機械に必要な電流を流せなくなったとき「電池が切れた」と言います**。ですので、モーターで電池が切れても、時計を動かせたりするのです。電圧の下がり方の違いが、アルカリ電池とマンガン電池の違いです。

電池を人にたとえると、**電圧は気力のようなもの**です。マンガン電池は、「疲れていてもコツコツと仕事をするタイプ」です。電流を流すと、電圧がどんどん小さくなっていきます。しかし、休ませると電圧が回復します。ですので、あまり気を張らずにできる仕事（壁掛け時計）や普段あまり使わないもの（懐中電灯など）に適しています。

　アルカリ電池は、「小さい子供が昼間ずっと元気に遊んでいて、夕方車の中ですぐ寝てしまう」のに似ています。大きな電流を流していても電力はあまり衰えず、元気に動きます。しかし、ある瞬間に一気に電圧が落ち、動かなくなります。ですので、大きな電流を長時間必要とする音楽プレーヤーなどに向いています。逆に、**時計などに使ってもマンガン電池とほとんど同じ働きしかしないので、値段が高い分不経済**になってしまいます。

　単3形の充電池の表示を見ると、電圧は「1.2V」と書いてあります。乾電池の電圧は電池の材料に何を使うかによって決まっています。充電池は繰り返し使えるような材料を選んだ分、電圧が低くなってしまっています。しかし、1.2V以上つねに必要な機械はほとんどありませんので、何の問題もなく使えます。ニカド電池やニッケル水素電池はアルカリ電池同様「小さな子供タイプ」です。ぐっすり眠ればすっかり回復するという意味でも似ています。充電すれば何回も使えますので、デジカメなどに向いています。

62. 直列は電流が一定、並列は電圧が一定

　中学時代に理科に苦手意識を持つきっかけとなってしまうのは、回路の問題です。並列回路や直列回路の電圧・電流を求める問題がありました。

　直列回路は「**全体が一つの輪になっている回路**」です。一方、並列回路は、「**途中で枝分かれしている回路**」です。

　さて、ここで問題です。図の(a)と(b)は豆電球の並列回路と直列回路を表す回路です。同じ電池をつなげたとき、(a)と(b)どちらの豆電球が明るくなるでしょうか。

いろいろな回路

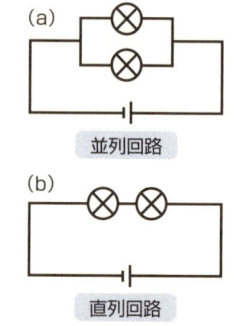

(a) 並列回路

(b) 直列回路

　電気抵抗は、アーケード街（抵抗）を通る自転車（電子）として考えました。今回の直列回路、並列回路でも同じように考えてみましょう。まず、**抵抗が大きい場合と小さい場合の違いは、**アーケード街の長さの違いに対応します。アーケード街が短い方が余計なことに気を使わなくて済むので速く走ることができます。

　では、並列回路の場合はどうなるのでしょうか。**並列回路は、アーケード街が二つ並んでいる状況に対応します。**自転車はたくさんやってきているので、「二手に分かれて」進むことができます。一つのアーケード街を乗り切る困難さは変わらな

いので、必要な気力（電圧）も同じです。両方のアーケード街に同じことが言えますから、「**並列回路は電圧が一定**」なのです。

抵抗大きい

抵抗小さい

一方、**直列回路の場合**、二つのアーケード街がつながっています。これはアーケード街が2倍の長さになったのと同じです。最初のアーケード街を通った自転車は必ず次のアーケード街を通り、自転車の数が電子の数ですから、「**直列回路は電流が一定**」です。

結局、答えは「**豆電球は並列回路の方が明るい**」となります。これは「直列は抵抗が増えた分、豆電球一つのときより電流が小さくなるから」です。自転車をたくさん送り出すことになるので、**電池の減りは並列回路の方が激しい**です。

並列回路　二手に分かれよう

直列回路　またかよ!

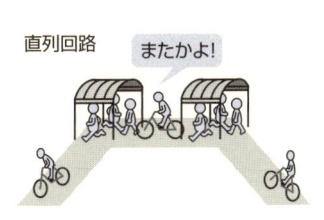

「並列回路は電圧が変わらない」という性質は、家庭用の配線に使われています。**電気機器を何個つなげても電圧は常に100Vなので**、安心して使えます。

63. 電流を流して発熱する量は？

　携帯電話で長時間ネットをしたりテレビを見たりすると、本体が熱くなってきます。液晶テレビも裏面が熱くなります。冷蔵庫は中は涼しいですが、裏は熱いです。電気を使う機械は、使うと必ず熱を帯びます。

　照明に使う電球の中を見たことがありますか。白いコーティングをしている電球は中が見えませんが、白くない電球は中を覗くことができます。電球には、「フィラメント」と呼ばれるくるくるした導線のような物が付いています。電球に電流を流すと、このフィラメントが発光します。スイッチを切ったあとでも電球は熱くて触ることができません。これは、**フィラメントが熱と光を出している**からです。電球が発明された当初、この熱が問題でした。熱のせいでフィラメントがすぐに燃え尽きてしまったのです。有名な発明王エジソンは、京都の竹をフィラメントとして使うと長時間もつことに気づき、この問題を解決しました。現在はタングステンという金属が使われています。

　電気を使う機械が熱を帯びる原因は、電気抵抗にあります。電流は電子の流れであり、電子の流れを妨げようとするのが、

電気抵抗です。**流れを妨げようとする電気抵抗に電子が四苦八苦し、それが熱に変わります。**

電流を流すと発熱するということは、**電気エネルギーは熱エネルギーに変わる**、ということです。電気エネルギーを熱エネルギーに変えて利用するものには、ドライヤーや電気ポットなどがあります。

電流はどのくらい熱に変わるのでしょうか。それを調べたのはイギリスのジュールです。1940年、彼が22歳のとき、「**導線に発生する熱は、電流の強さの2乗に比例し、電気抵抗に比例する**」ということを突き止めました。この法則はジュールの法則と呼ばれています。この発見をきっかけに、発熱や発光の研究が加速しました。彼の偉大な功績をたたえて、エネルギーの単位はJ（ジュール）が使われています。

1Jは、1V、1Aの電流が1秒間流れたときのエネルギーを表します。1cal（カロリー）は4.2Jでしたから、**1V、1Aの電流を4.2秒間流せば、水1gを1℃上げることができます。**

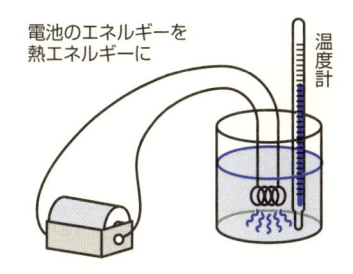

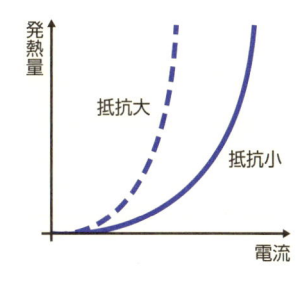

64. 電力は電気のする仕事率

　現代の私たちが快適に暮らす上で必要なものは、電気、ガス、水道です。電気が無ければ夜は真っ暗ですし、テレビも見られないしラジオも聴くことができません。快適な生活に慣れた私たちにとって、電気は不可欠なものです。

　電気を使用するには当然お金が必要です。電気代は電気を使えば使うほど高くなります。東京のあるビルは、全フロアのひと月の電気代が3000万円にも達します。私たちは普段、電気の使用量を「**電力量**」と呼んでいます。家庭についているメーターは電力量が数値で示されるようになっています。

　前項で述べましたように、電流を流すと発熱します。これは、電気のエネルギーが熱のエネルギーに変わったことを意味しています。**電気のエネルギーは電力量とも呼ばれます。電力量は使ったエネルギーの量**ですから、長い時間使うほど大きくなります。

　同じコンセントに差し込む家電でも、ドライヤーと卓上ライトでは1カ月に払う電気代が違います。これは、「ドライヤーの方が電力を使う」からです。これは、「ドライヤーの方が同じ時間によりたくさんの電気エネルギーを使う」という意味です。すなわち、**電力とは「単位時間あたりに使用する電気エネルギー」**のことです。電化製品に必ず書いてある「○○W」の

「W（ワット）」が電力の単位です。

　電力は（電力）＝（電圧）×（電流）です。家庭のコンセントからは100Vの電圧の電気がやってきていますから、電力1200Wのドライヤーに流れている電流は1200W÷100V=12A（アンペア）です。1200Wの電子レンジも12A使いますから、同時に使うとコンセントから24Aの電流が流れていることになります。

　ドライヤーと電子レンジと炊飯器を同時に使ったりすると、ブレーカーが落ちて電気が消えてしまうことがあります。ブレーカーには「20A」や「30A」などと書いてあると思います。この表示は定格電流を表しています。**家全体で定格電流の125％以上電流が流れていると、ブレーカーは落ちるようになっています**。つまり、さきほどのドライヤーと電子レンジを同時に使う状況では電流は24Aでした。定格電流が「20A」の場合、25Aを超えるとブレーカーが落ちるので、かなりぎりぎりであることがわかります。炊飯器も使うと落ちるでしょう。

　電力は、「**1秒間あたりにする電気の仕事**」と言い換えることができます。以前の項で、「1秒間あたりの仕事」として仕事率という言葉が登場しました。つまり、**電力は電気のする仕事率**なのです。

　電力の単位はW（ワット）でした。1Wの電力を1時間使った場合の**電力量は1Wh（ワット時）**です。電気代とは「何Wh使ったか」に課金されているのです。

65. 電子は見えるの？

　電流の正体は電子の流れでした。普段、私たちは電子を見ることはありません。電子は見ることができるのでしょうか。

　まず、「ある物が見える」という状況の物理学での意味を考えてみることにしましょう。

　第3章でも述べましたように、物が見えるのは、**光がその物体に当たり、跳ね返った光が目に入るからです**。私たちが使う普通の顕微鏡は、小さなものから出た光をレンズで拡大して人間に見えるようにします。これを光学顕微鏡と呼びます。

　光学顕微鏡は、とてもよいレンズを使えばどんなに小さいものでも見えるかというと、そうではありません。**光学顕微鏡は光を使っているので、光の波長よりも小さいものは認識できない**のです。一番波長が短い紫の光は約400nm（1万分の4mm）です。原子の大きさはだいたい0.1nm（1000万分の1mm）ですから、光学顕微鏡では原子は見えません。これは、**光の波としての性質が強く出てしまい、レンズでピントを合わせられない**からです。そのためある程度以上の倍率ではぼやけてしか見えなくなります。

　では、原子を見るにはどうすればよいのでしょうか。光学顕微鏡や私たちの目で物を見るためには、物に光を当て跳ね返った光を見る必要がありました。しかし、「何かを物に当てて跳

ね返ってきさえすれば」物の形や大きさはわかります。そこで、**光の代わりに電子を物に当てて見る電子顕微鏡**が開発されました。

電子は光と同じように粒子と波の性質を持ちます。電子の波長は光と比べて非常に短く、性能の良い電子顕微鏡は原子レベルの大きさの物を見ることができます。

さて、原子は、中心にプラスの電気を帯びた原子核があり、回りをマイナスの電気を帯びた電子が取り巻いています。原子の大きさは約0.1nmですが、原子核の大きさはそのさらに10万分の1の大きさで、約1fm（フェムトメートル）です。原子核はあまりにも小さいので見ることはできません。

水素原子は、陽子1個でできた原子核の回りに電子が1個取り巻いています。電子の重さは陽子の重さの1836分の1しかありません。実験的に電子の大きさを測ろうと試みられてはいますが、「1fmよりは小さい」としかわかっていません。現代の物理学では、**電子の大きさはない**と考えられています。つまり、**電子は見えない**のです。

物の形や大きさは、その物よりも大きいものでは測れません。グローブをはめた手では小さな東京タワーの模型の形がよくわからないのと同じです。

大きいもの（グローブ）では小さいもの（模型）の形はわからない

66. 静電気はこうして生まれる

　下敷きで前の席の人の髪の毛を逆立てたりしたことはありますか。また、冬場には、車のドアを開けようとした手にバチっときます。これらはすべて静電気が原因です。

　物体の電気がプラスかマイナスに偏っているとき、「静電気がある」と言います。なぜプラスとマイナスの偏りが起きるのでしょうか。

　物体には、マイナスの電気である電子を手放したい性質のものと、受け取りたい性質のものがあります。**手放したい性質のものと受け取りたい性質のものの二つをこすり合わせると、電子が移動し、電気が偏ります。**

　下敷きの材料であるプラスチックは絶縁体です。下敷きをこすると、**下敷きの表面に発生した電気は、下敷きが絶縁体なのでどこへも行けません。**ですので、だんだん偏りが大きくなっていきます。金属でも、絶縁体の上にあると静電気が逃げられないので溜まっていきます。**導体、半導体、絶縁体いずれにも静電気は発生します。**普通の水は電気を通すので、より水の少ない乾燥した状態の方がたくさん静電気が起きます。

　静電気は、接触したり（**接触帯電**）、こすったり（**摩擦帯電**）、はがしたり（**はく離帯電**）、ぶつかったり（**衝突帯電**）すると起きます。二つの物体のうちどちらがマイナスになるかは、ど

ちらがより電子を受け取りたいのかで決まります。

雷は、雲の中の上昇気流で上る小さな氷と、重くなって落ちてくるアラレが接触して離れるときの静電気が溜まった結果起きる静電気現象です。

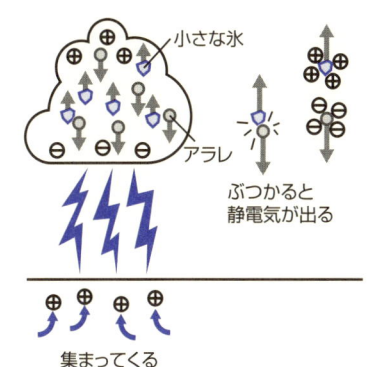

静電気の強さの単位は**電圧の強さの単位と同じV（ボルト）**です。人間が**チクッと痛みを感じる静電気は3000V**くらいです。暗闇で青白い光が見える状態だと1万Vを超えています。一方、**1000V以下だとほとんど感じません**。パソコンなどの半導体部品は人間が感じられない100V程度の静電気で壊れてしまいます。

家庭用コンセントが100Vですから、静電気の数千Vは大きくて危ないように思えます。静電気の場合、「蓄えている電気の量が小さい」と、「空気の電気抵抗が非常に大きい」ので、数千Vでも、ごく短い間0.001Aくらいの小さな電流が流れるだけです。そのため、静電気では時計も動かせません。

静電気は迷惑なことばかり起こすわけではありません。ガラスにほこりや髪の毛がつくのは静電気のせいですが、**空気清浄機は静電気の力を利用してほこりを吸い取ってくれます。**

67. 電気はどうやって溜めるの？

　夏になるとクーラーを使いたくなります。猛暑の年になると家庭とオフィスでの電力使用量が増えます。電力会社が、その夏の最大電力使用量に対応できる発電を行わなければ、電気が足りなくて停電してしまいます。

　水の供給の場合、ダムなどに溜めることである程度の需要を満たすことができます。たくさん雨が降っているときに溜めておき、使うときに流せばいいからです。電気も、暑くないときに余分に発電して電池のようなものに溜めておいて、必要になったら取り出して使えばいいような気がします。しかし、それはできません。なぜなら、「**今の科学技術では、巨大な電気は溜めることができない**」からです。

　「コンデンサー」という二枚の金属板を少し離した部品に電池をつなぐと、金属板のそれぞれにプラスとマイナスの電荷が溜まります。欠点は、溜めすぎると、板同士が強く引かれてくっついてしまったり、放電が起きてしまったりして、たくさんの電気を溜められないことです。

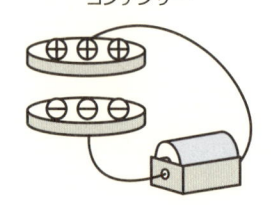

コンデンサー

　電流は水の流れと似ています。水の場合は、ただ溜めておくことができました。電気の場合は、**溜まっている水と似ているのは静電気**です。つまり、

電気を溜めるというのは静電気を溜めるのと等しいのです。もし、非常に大きな静電気が溜められたとしても、雷雲と同じような状況になってしまって、放電してとても危険です。

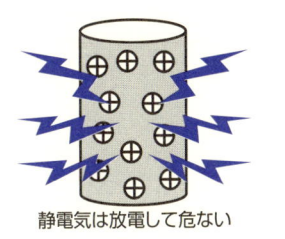

静電気は放電して危ない

では、電流をどこかで流し続けて適当に取り出すということをすればいいのか、というと、それも難しいです。なぜなら、電気エネルギーの一部が導線から出る熱に変わってしまって、大量の無駄が生じるからです。

電池は、電気のエネルギーを化学反応のエネルギー（化学エネルギー）に変えて保存しています。電池を回路につなげると、電池は化学反応で発電を行って電気を作ります。

電気エネルギーを溜める方法のもう一つに、**揚水発電**があります。揚水発電所は、昼間に水の力で水車を回して電気を作り、夜間には発電のために使う水をくみ上げます。夜に他から電力をもらって、水を溜めているのです。

揚水発電
上部調整池
昼の水の流れ
電気
地下発電所
発電
ポンプと発電発動機
下部調整池
夜の水の流れ
電気
揚水

現在はまだ大きな電気を溜めておくことができませんが、近い将来、実現できるかもしれません。

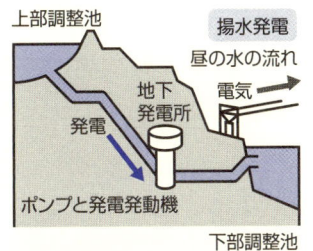

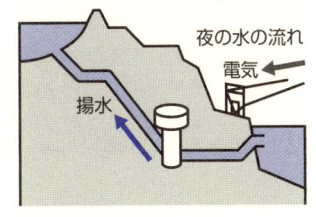

第6章　電流とそのはたらき

68. 地球は磁石

　方向音痴の人は自分がどちらに向かって歩いているかがわからなくなって迷います。最近は携帯電話にGPSの機能がついていて、携帯電話がつながりさえすれば地図を呼び出して方角を確認することができますが、そう頻繁に地図を見るのも面倒です。方向音痴ではなくても、山に登るときや来たことのない土地では方角を知ることは重要です。

　私たちの地球の奥深く、深さ2900kmより内側には、**鉄を主成分にする金属でできた中心核**があります。そのうち深さ2900kmから5150kmまでの部分は外核と呼ばれ、金属はどろどろに溶けています。この中心核は地球の自転とともに回転しています。鉄には電子がたくさん含まれているので、電流が流れているのと同じ状況になり、**中心核が電磁石の働きをして、地球は磁石になる**のです。

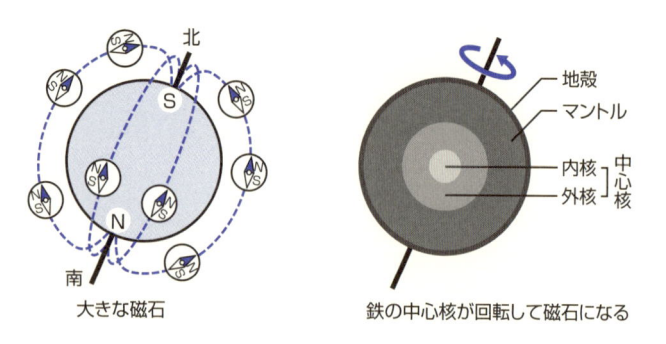

大きな磁石

鉄の中心核が回転して磁石になる

方角を知る道具の一つに**方位磁石**があります。方位磁石の歴史は古く、中国では紀元前3世紀頃、レンゲ状に加工した天然磁石を用いた「**司南**」という羅針盤が開発されました。これは柄が南を指します。**羅針盤は火薬・紙とともに中国の三大発明の一つ**といわれています。中国の羅針盤は、アラビア商人を通じてヨーロッパに伝えられました。海で方角を誤らずにすむ羅針盤の普及は、ヨーロッパに大航海時代をもたらしたのです。

　磁石にはN極とS極があり、互いに引かれ合う性質があります。また、磁石のN極からは磁力線という目に見えない磁力がS極に向かって出ています。

　方位磁針は赤い色のついた方が北を指します。赤い色の方がN極です。方位磁針のN極が北を向くということは、**地球は北がS極の大きな磁石**であることを意味します。

　実は、方位磁針は正確に北を指すわけではありません。日本では方位磁針の指す北は西に5度から10度くらい傾いています。これは、**地球の北極と地球の磁石の北極が違うからです。**磁石の北極はグリーンランドの近くにあり、少しずつ動いています。過去には100万年くらいごとに地球のN極とS極は逆さになっています。

69. 電流は磁界を生む

　砂鉄と電磁石で遊んだことはありますか。釘にエナメル線を巻くだけで電磁石を作ることができます。エナメル線を巻けば巻くほど強い電磁石が作れます。電磁石は、電流を流さなければ磁石になりません。この性質を利用すると、クレーンに電磁石を取り付けて、電流を流して鉄を持ち上げ、電流を切って落とすことができます。電磁石を使うと重い物を移動させることができるのです。

　電流が流れるとき、マイナスの電荷をもつ電子が流れています。**マイナスやプラスの電荷をもつ粒子は、動くと磁界（磁場）を出す性質**があります。電子が動いている（流れている）のが電流なので、**電流は磁界を作る**のです。

　図のように、釘にエナメル線を巻き付けたものを考えてみましょう。エナメル線は釘の頭から見て左巻きに巻かれています。スイッチを入れると、電流は反時計回りにぐるぐると流れます。このとき、釘の頭がN極になり、先がS極になります。これを**右手の法則**と呼びます。電池のプラスとマイナスを逆にすると、N極とS極の向きが逆になります。

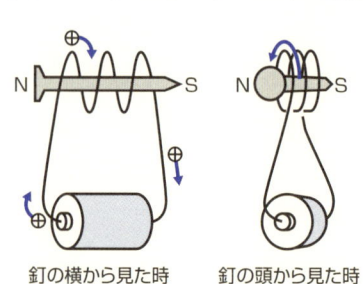

釘の横から見た時　　釘の頭から見た時

この法則は、19世紀前半、フランスの物理学者のアンペールが発見しました。右手の法則とは、「**電流が回っている方向に右手をにぎりこむと、親指がN極方向になっている**」という法則です。電流が流れている向きにねじを回すと、ねじが動く方向がN極なので**右ねじの法則**とも呼ばれます。

さて、エナメル線をぐるぐる巻くことで「電子がぐるぐる回り」電磁石ができました。では、エナメル線をまっすぐにして電流を流すと何が起きるのでしょうか。

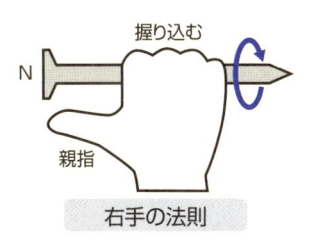

右手の法則

まっすぐ流れている電流の回りには、磁界がぐるぐる回ります。どちらに磁界がぐるぐる回るかは、同じような**右手の法則**で説明できます。電流が流れている方向に親指を立ててみてください。図のように、親指以外の指をにぎりこむ方向が磁界の向きになっています。

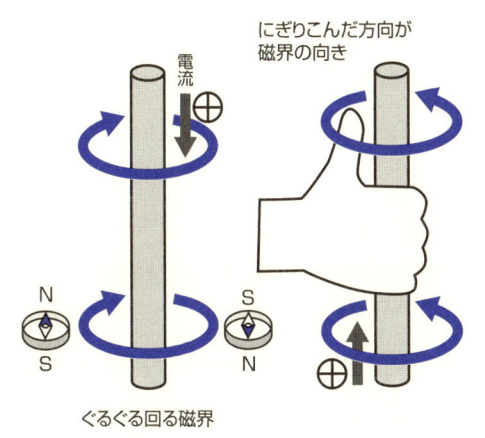

上から下に電流を流すと時計回りの磁界が、下から上へ流すと反時計回りの磁界ができます。

ぐるぐる回る磁界

70. 電流は磁界から力を受ける

最近は夏の暑さをしのぐためにエアコンを使うことが多くなりました。エアコンがない場合は扇風機を使います。

扇風機のコンセプトは、「人の手でうちわをあおぐ作業を機械にやってもらおう」という単純明快なものです。電気の力でモーターを回し、羽を回して風を起こします。

モーターはなぜ電流を流すと回転するのでしょうか。それは、「**電流は磁界から力を受ける**」からです。この項では、電流がどのように力を受けるか、を考えようと思います。

導線に電流を流すと、磁界が生じました。その磁界は電流をぐるりと取り巻いています。

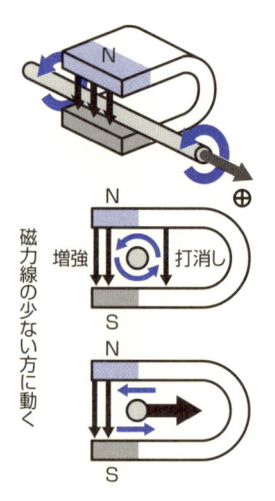

ここで、この導線をU字形の永久磁石の間に挟んだらどうなるでしょうか。

磁石を横から見ると、図のようになっています。この図では電流は**奥から手前**に流れています。右手の親指を手前側に立てて指を握り込んでください。すると、電流が作る磁界は右手の法則により、**反時計回り**であることがわかります。図では、磁石は上がN極、下がS極になるように置かれています。ど

のような磁界が出ているかは磁力線を書くことで理解しやすくなります。**磁力線の向きは方位磁針が向く向き（N極からS極への向き）**です。図では黒線が磁力線です。この図を見ると、導線の左側では磁石と電流が作る磁界の向きは同じ下向きで強め合っており、右側では向きが逆で弱め合っています。

このとき、**導線はより磁界の少ない方向に行きたくなり、力が発生**します。この図では右向きです。

どっちに力が発生するか、毎回考えるのは大変です。発生する力の向きを覚えやすくしたのが**フレミングの左手の法則**です。

この法則は**電流の向きを中指、磁石の磁界の向きを人差し指に合わせると、親指の向きが力の向きになっています**。「中指から親指へ『電・磁・力』」と覚えておくとよいでしょう。

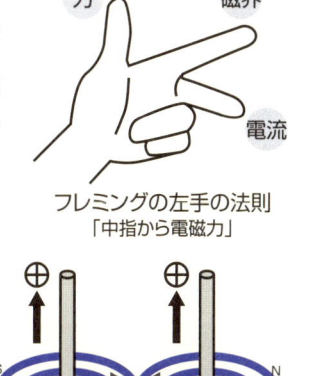

フレミングの左手の法則
「中指から電磁力」

電流と磁石以外の、電流と電流でも力が働きます。同じ向きに流れている二つの電流は引き合う力が働きます。力の大きさは電流の強さで決まっているので、**電流の単位A（アンペア）はこの電流同士の力から定義**されています。ある大きさの力が発生するときの電流の強さから定義しています。

71. 磁界の変化が電流を生む

　私たちの家庭へ流れてくる電気は、どのように作られるのでしょうか。電気を作る発電所は、火力発電所、水力発電所、原子発電所などがあります。

　導線に電流が流れると、磁界が発生しました。1831年、イギリスの物理学者ファラデーは、「**電気から磁気が作れるのならば、その逆も可能なのでは？**」と考え、実験を行いました。彼は導線を二つ輪にして、図のように上に重ねました。片方には電池とスイッチを、もう片方には電流の大きさを見る検流計を取り付けました。スイッチを入れると、下の導線は上がN極、下がS極の電磁石になります。彼は、「どのようなときに、上の導線に電流が流れるのだろうか」と考え、調べてみました。

　彼は三つのことを発見しました。それは、「下の導線のスイッチを入れたときと切ったときの瞬間にのみ、上の導線に電流が流れる」「スイッチを入れたときと切ったときに流れる電流は、向きが反対」「スイッチを入れたまま、下の導線を上げ下げして、**近づけたり遠ざけたりすると、上の導線に電流が流れる**」の三つです。彼はその他に様々な実験を行い、「**回路内の磁界が変化すると、その回路に電流が流れる**」ということを示しました。

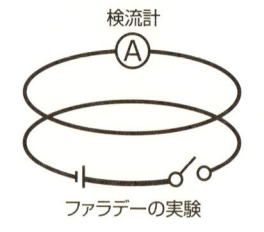

ファラデーの実験

この法則を「ファラデーの電磁誘導の法則」と呼びます。

さて、このままでは発生する電流の向きはわかりません。それを解明したのはエストニアのレンツです。彼は「**生じる電流の向きは、回路に起きた磁界の変化を妨げる磁界ができるような向きである**」（レンツの法則）ということを発見しました。この法則は言い換えると「**やってくる磁界に逆らうように磁界ができる**」ということです。上向きの磁界がやってくると、下向きの磁界が出ます。その磁界を出すために、回路に電流が流れるのです。

近づけたり遠ざけたりしてできる電流は一瞬ですが、磁石をぐるぐる回すとずっと電流を作ることができます。発電所も自転車のライトの電気も、磁石を回して作っています。

最近、駅の改札などで使われる非接触ICカードもこの法則を使っています。改札機からは磁界が出ており、カードを改札機に近づけると、カードの回路に電流が流れ、通信します。

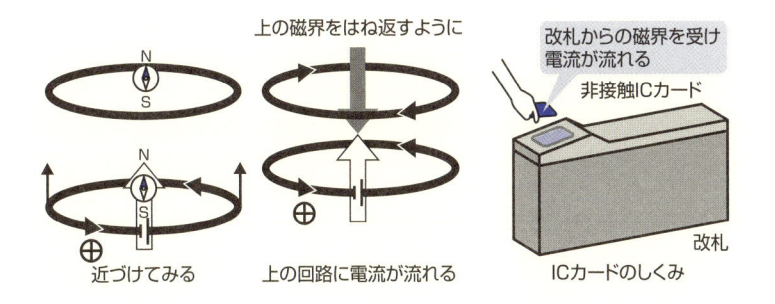

近づけてみる　　上の回路に電流が流れる　　ICカードのしくみ

72. 電波は電気の波？

　携帯電話が普及したおかげで、待ち合わせで待ち人に会えないことは少なくなりました。そのせいか、ドラマなどで「何時間も待ちぼうけ」というようなシーンも少なくなりました。

　固定電話は電話線につながっており、言葉は電話線に乗って相手に運ばれます。携帯電話の場合、電話線の代わりに電波が私たちの言葉を相手に伝えます。

　電波も光もエックス線もマイクロ波も、全部同じ電磁波です。違いは波長の違いです。電波は、「**電磁波のうち、波長が0.1mmより長いもの**」です。赤い光の波長が大体800nm（1万分の8mm）でしたから、「**電波は光よりも1万倍以上長い波長を持つ電磁波**」と言うこともできます。

　電磁波、とは何でしょうか。漢字を考えると「電気と磁気の波」という意味でしょうか。

　電気と磁気と光は、19世紀半ばまで異なるものだと考えられていました。紀元前6世紀のギリシャで静電気が発見され、紀元前7世紀に天然磁石が発見されました。一方、光は紀元前300年にギリシャのユークリッドが直進と反射の法則を発見しました。電流を流すと磁界ができ、磁石を動かすと電流が流れるということがわかったのは、19世紀に入ってからでした。

　そして1864年、イギリスのマクスウェルが「**電気と磁気をつ**

なぐ方程式」である**マクスウェル方程式**を発見しました。彼は方程式を解くことで、「**電磁波の存在を予言**」し、「**光は電磁波であると提唱**」しました。その後1888年、ヘルツが実験的に電磁波の存在を証明したのです。

電磁波の正体は、「**電気と磁気がからまった波**」です。なぜ電磁波が出るかは、方程式を解かなくても理解できます。

まず、回路にスイッチを入れます。すると電流が流れ始めます。電流が流れると**右手の法則**で磁界ができはじめます。磁界が徐々に大きくなるので、**ファラデーの法則**（電磁誘導）で磁界の回りに電界（電流が流れうる環境）ができます。電界ができはじめると、また右手の法則で磁界ができます。磁界ができはじめるとまたファラデーの法則で電界ができます。**この繰り返しが電磁波**です。

マクスウェルは、方程式を解くことで**この波の速さが光速に等しい**ことを発見しました。だから光は電磁波ではないか、と考えたのです。

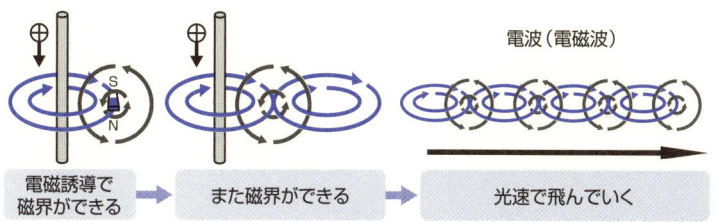

スイッチを入れる　電流が流れはじめる　磁界ができはじめる

電磁誘導で磁界ができる → また磁界ができる → 電波（電磁波）光速で飛んでいく

73. モーターはなぜ回るの？

モーターは、扇風機や換気扇などの大きなものや、携帯電話のバイブレータなどの小さなものにも使われています。

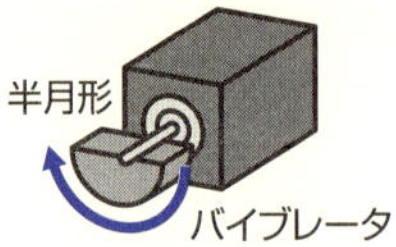

携帯電話やゲームのコントローラなどのバイブレータの正体は、おもりをつけたモーターです。回転する軸に重さが偏ったおもりをつけることで、振動します。洗濯機の洗濯物が偏るとガタンガタンと揺れるのと同じです。

モーターはなぜ回るのでしょうか。モーターは、コイルと磁石からできています。一番簡単なモーターは、導線を輪にした図のようなものです。この回路に電流を流し、磁石を近づけると、どうなるでしょうか。

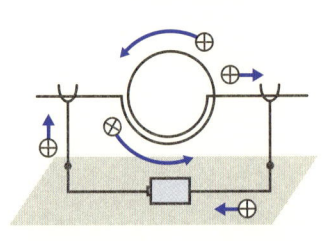

電流を流したコイルの上側に磁石のN極があるとき、電流は磁石から力を受けます。その方向は、フレミングの左手の法則からわかります。つまり、中指を電流、人差し指を下向きにしたときの親指の向いている向きに力を受けます。つまり、図①

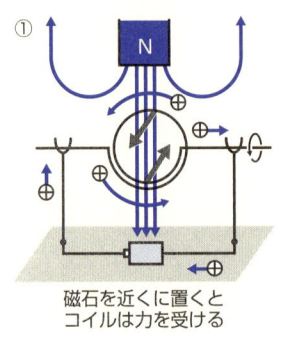

の青矢印のように、上の導線が手前へ、下の導線が奥へ引っ張られ、回転します。

このまま電流を流していると、図②のような状態になり、コイルは水平になり、回転は止まってしまいます。なぜなら、力のかかる向きは、**このままだといつもコイルを引っ張る向き**だからです。私たちはモーターを作りたいので、これでは困ります。

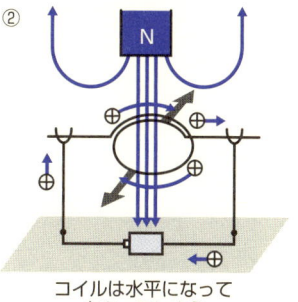

コイルは水平になって止まってしまう

この困難を解決するには、**導線に細工をして半分だけむきだしにすればよい**です。

導線に細工する
― エナメル
― むきだし

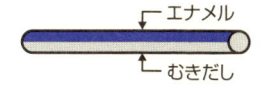

このようにすると、力が働いてほしくないときにちょうど電流が流れないようになり、モーターになります。これは、「**ブランコで後ろから押すとき、乗っている人が前に向かっているときに押す**」のと同じです。導線を全部むきだしにすると、ブランコで後ろに動いているときに前に押すのと同じ状態になってしまうのです。

人間は、モーターの発明のおかげで、電気の力を押したり引いたりする力に変換できるようになりました。

こうすると②にならずに済む

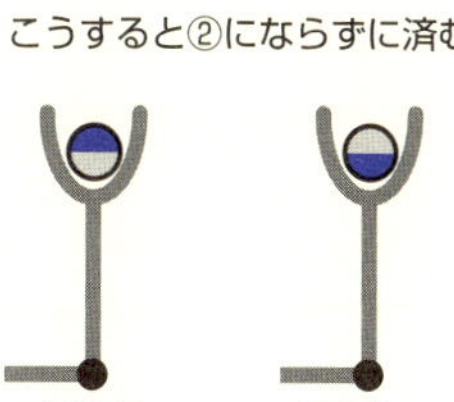

流れる　　流れない

74. デジタル放送とアナログ放送の違いは？

　デジタル放送とアナログ放送は何が違うのでしょうか。よく言われるのは、デジタル放送の方が高画質・高音質であり、番組表や天気予報が見られる、今までのテレビでは何か機器を付けない限りデジタル放送は見られない、などでしょうか。

　針の付いた時計と、デジタル時計を思い浮かべてみましょう。デジタル時計は何時何分何秒であるかがきっちりとわかります。一方、秒針が滑らかに動く針のついた時計は、直感的には何時かはわかりますが、何秒なのかは瞬時に把握できません。しかし、よく見さえすれば、3.5秒や2.2秒などの1秒よりも短い時間も測ることができます。つまり、「**デジタルは数字で把握するもの**」です。**デジタルの語源はラテン語で指を意味する**digitusです。ラジオ局を、つまみを回して周波数を合わせるのがアナログ、液晶画面で周波数の数字を合わせるのがデジタルです。

アナログ時計　デジタル時計

　テレビ放送は、そもそも映像の信号を電波に乗せて放送され、私たちの家のアンテナに届きます。その放送がデジタルであるというのは、その**信号がデジタル**であるという意味です。つまり、信号を数字に直して送っているのです。この利点は、

「コンピュータで処理しやすい」という点です。

アナログ放送の場合、絵が二重に映る「ゴースト」と呼ばれる現象が起きることがあります。これは、山やビルに跳ね返ってきた電波も一緒に受信してしまうからです。アナログ放送は、「**何が元の信号で何がノイズなのか区別しにくい**」ので画質が悪くなりやすいのです。例えば、「7」という数字を伝えたいとします。アナログでは、ノイズが途中で入って「7.4」になってしまうと、元の信号が「7」であることがわからなくなります。一方、デジタルは、信号が「7.4」になっても、「もともと6,7,8と数えているはずなので、来た信号は『7』だ」とエラーを訂正することができます。実際はもっと複雑な処理を行っていますが、すべてコンピュータで処理できるので、高画質にすることができるのです。

また情報を圧縮して送るので、チャンネル数を増やせます。

しかし、デジタル放送にも欠点があります。アナログ放送はチャンネルがすぐに切り替わりましたが、デジタル放送は処理をしているために少し時間がかかってしまいます。

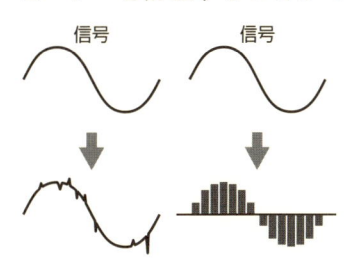

信号

元の信号とノイズの区別がしにくい
（コンピュータで処理しにくい）

ぼける

信号

数字に直す
5678987654…
エラーの訂正ができる
（コンピュータで処理しやすい）

くっきり

75. 交流電流の秘密

電気は私たちの生活に欠かせないものです。その電気は発電所で作られ、電線を通って私たちの家にやってきます。

乾電池を豆電球につないで流れる電流は、向きが決まっていました。このような電流のことを直流電流と呼びます。

一方、発電所から私たちの家まで流れてくる電流は、**周期的に向きが変わります。東日本では1秒間に50回、西日本では60回も電流の向きが変わるのです。**このような電流を交流電流と呼びます。この回数のことを周波数と呼び、単位はHz（ヘルツ）です。

なぜ、交流電流が使われているのでしょうか。それは、交流には直流にはない使い勝手の良さがあるからです。

発電機が発明され電球がアメリカで発明された当初、直流発電所が作られていました。発明王エジソンは、直流発電所を次々と作りました。しかし、直流電流を家庭に送る方法には欠点がありました。それは、「**電気を遠くへ運ぶのに直流は向いていなかった**」のです。電流が導線を流れると熱が発生します。電圧が高いほど熱の発生を抑えられるのですが、「**直流は電圧を途中で変えることができませ**

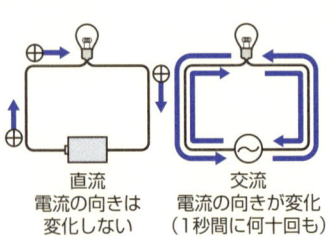

直流
電流の向きは
変化しない

交流
電流の向きが変化
（1秒間に何十回も）

ん」。家庭の電球は100V程度でとても低く、発電所は100Vで送らなければなりません。遠くに発電所を作ると電気のエネルギーがすべて熱になって消えてしまうのです。

一方、**交流は電圧を自在に変えることができます**。発電所は数十万Vの高電圧の電気を作り、途中で何回か変電器で電圧を小さくして、最終的に100Vにします。

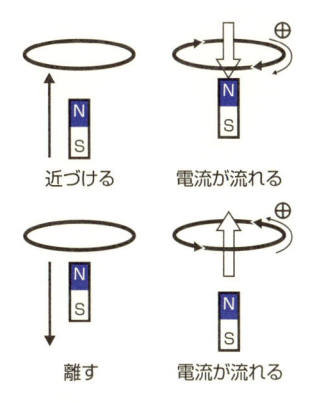

交流の良さはエジソンの従業員であったテスラが主張しました。彼らの直流と交流の争いは熾烈で、電流戦争と呼ばれています。最終的には、テスラの交流陣営が勝利しました。

磁石をコイルに近づけたり遠ざけたりすると電流が流れました。近づけたときと遠ざけたときの電流の向きは逆です。素早く磁石を動かすと電流の向きも素早く変わります。これが交流です。

東日本と西日本で交流の周波数が異なるのは、導入当時、それぞれが異なる発電機を輸入したからです。この違いのせいで、レコードの回転数が東西で変わってしまうので、機械には切り替えスイッチが付いていました。最近は周波数を自在に変更できるインバータというものが開発されており、東西の違いを意識することはあまりありません。

単位になった人たち 6

ジェームズ・ワット
1736-1819
イギリス

お金に苦労した偉大な技術者

　家電製品に必ず書いてある「○○W（ワット）」は電力や仕事率の単位です。ワットは蒸気機関を発明した人物です。

　ワットは1736年、スコットランドの小さな港町グリノックに生まれました。彼は体が弱く、家で勉強をしていました。父は船大工で、海運関連の事業も営んでいました。

　ワットが18歳のとき、父が海で船を失い、彼は家業を継げなくなりました。そこで科学器具製造者を志し、1年間ロンドンで修業をしました。この頃母を亡くしています。

　その後21歳のとき、グラスゴーで器具製造の店を開こうとしましたが、組合に出店を拒否され、友人のつてでグラスゴー

大学内に先生相手の科学器具の製造修理店を開きます。

28歳のとき、いとこと結婚しました。この頃、ワットは、物理実験の授業に使うニューコメンが発明した大気圧機関の模型の修理を依頼され、そのことを通じて新しい機関の着想を得ます。

29歳の頃、最初の蒸気機関の小型模型の運転に成功します。次に模型を実物大にすべく研究に取りかかりました。実験にはお金がかかります。当時彼は、親しくしていたブラック教授にお金を借りて実験をしていました。借りたお金はつもりつもって大変な額になりました。そこでワットの発明に興味を持った鉱山主にお金を借りることにしたのですが、鉱山主が事業に失敗して破産、資金調達のため実験を中止し運河の測量士となって働かざるをえませんでした。

36歳の頃、妻が二人の子を残してお産で亡くなりました。しかし、彼は不幸や貧乏にもめげず機関の改良を続け、ついに45歳の頃、回転式蒸気機関を発明します。風車や水車と違い、石炭さえ用意すれば場所を問わないこの機械は爆発的に普及し、イギリスの産業革命の原動力になりました。

ワットは発明した蒸気機関の能力を表現するため、「馬力」という仕事率の単位を作りました。彼の死後の1889年、産業革命の中心となったイギリスは、彼の功績をたたえ「ワット」を仕事率の単位としました。彼は単位を作りましたが、彼自身も単位になったのです。

さらに理解を深めるための参考図書案内

『実験でわかる物理学』
福地孝宏著　誠文堂新光社
本書の執筆にあたって多くを参考にした本。
家でもできるわかりやすい実験が多数紹介されている。

『まんがサイエンス』シリーズ
あさりよしとお著　学習研究社
学研の「5年の科学」と「6年の科学」の連載をまとめた本。
身近にある現象や機械のしくみなどが非常にわかりやすく解説されている。

『パスカル伝』
田辺保著　講談社学術文庫
30代で亡くなった偉人パスカルの伝記。彼のさまざまなエピソードとともに、
彼が何を考えどう生きたのかを知ることができる。

『逸話で綴る科学・技術者物語』
玉川学園編　玉川大学出版部
本書のコラム「単位になった人たち」を書くにあたって参考にした本。
今回書ききれなかったエピソードや、他の偉人たちの話が読める。

『科学の発見はいかになされたか』
福澤義晴著　郁朋社
歴史に名を残した科学者の偉大な発見は、いかにしてなされたか、
科学の発見のプロセスがどのようなものなのかがわかる。

『物理学者はマルがお好き』
ローレンス・M・クラウス著　ハヤカワ文庫
物理学の考え方に触れることができる本。専門知識なしでも読める。
物理は大雑把な学問だ、という意味が理解できる。

あとがき

　みなさん、物理の面白さを少しでも感じていただけましたでしょうか。それとも、物理は難しいと感じられたでしょうか。難しい項がありましたら、気軽に面白そうなページを開いてみてください。

　私が物理に興味をもちはじめたのは、中学三年生の冬の頃、受験勉強からの逃避も兼ねてSF小説を読むようになってからです。

　私が物理を面白いと思う理由は、その考え方が好きだからです。ボールを投げるとどこに落ちるのか、を考えるとき、中学校や高校では「空気抵抗を無視」して考えます。実際は空気がありますし、風も吹きます。なぜそうするのかは、私は大学に入るまでよくわかっていませんでした。「きっと問題の設定の都合で空気抵抗を無視するのだろう」と思っていました。友人には、「空気抵抗を無視するなんて、実際にない状況を考える物理の何が面白いのか」という人もいました。

　物理の考え方が身につきはじめてわかったのは、「空気抵抗がないような実際にない状況を考える」のではなく、「空気抵抗を考えなくても目の前の現象を説明できればラッキーと考える」ことでした。つまり、一見余計そうに見えるものを削ぎ落としても現象が説明できるか考えてみるということです。物理では空気抵抗という、必要のなさそうなものはとりあえず無視します。得られた結果は実際にボールを投げたときとは異なるかもしれません。しかし、大体、合っています。この「大体」というのが重要なのです。なぜなら、物理とは様々な現象から本質を抜き出し、それを理解する学問だからです。もし「空気抵抗」も本質の一部だと考えなければ説明

がつかないのなら、そのときにはじめて考慮すればよいのです。

　世の中のことはとても複雑で難しいです。その複雑さのなかから、「本質はこれだ！」と考えてみるのが物理の考え方です。私はこの考え方が好きです。

　実を言えば私は、高校三年の春まで、物理の問題があまり解けず苦手意識をもっていました。苦手意識を克服できたのは、問題を考えるときに「絵を描いてみる」ことを始めてからです。力学の問題ではボールの上に人を乗せて飛ばしてみたり、光の問題では光の代わりに手をつないだ人を歩かせたりしてみました。絵が下手でもかまいません、自分で手を動かして絵を描くと、イメージがすっと頭に入ってくるようになります。

　さらに物理について知りたくなった方は、自分で実験してみるとより理解が深まります。また、身近な現象の物理が知りたい方には『まんがサイエンス』シリーズ（学習研究社）がおすすめです。

　本書が物理に興味をもつきっかけになればと願っています。

2008年秋　永井佑紀

永井佑紀（ながい　ゆうき）

1982年生。北海道北広島市で育つ。2005年、北海道大学工学部応用物理学科卒業。同年、東京大学大学院理学系研究科物理学専攻に入学。2008年現在、同大学院博士課程に在学中。日本学術振興会特別研究員。専門は電気抵抗がゼロになる超伝導という現象の理論。

[おとなの楽習]刊行に際して

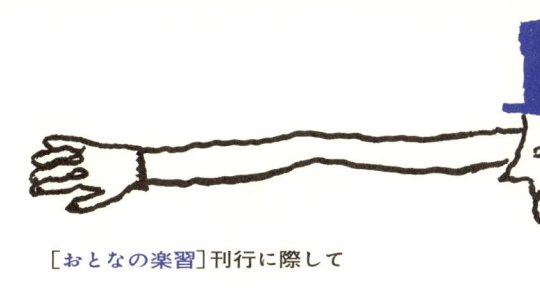

[現代用語の基礎知識]は1948年の創刊以来、一貫して"基礎知識"という課題に取り組んで来ました。時代がいかに目まぐるしくうつろいやすいものだとしても、しっかりと地に根を下ろしたベーシックな知識こそが私たちの身を必ず支えてくれるでしょう。創刊60周年を迎え、これまでご支持いただいた読者の皆様への感謝とともに、新シリーズ[おとなの楽習]をここに創刊いたします。

2008年 陽春
現代用語の基礎知識編集部

おとなの楽習 5
理科のおさらい 物理

2008年9月30日第1刷発行
2013年3月29日第5刷発行

著者	永井佑紀＋涌井貞美
	©NAGAI YUUKI & WAKUI SADAMI PRINTED IN JAPAN 2008
	本書の無断複写複製転載は禁じられています。
編者	現代用語の基礎知識
発行者	伊藤滋
発行所	株式会社自由国民社
	東京都豊島区高田3-10-11
	〒 171-0033
	TEL 03-6233-0781（営業部）
	03-6233-0788（編集部）
	FAX 03-6233-0791
装幀	三木俊一（文京図案室）
本文DTP	小塚久美子
編集	竹中龍太
印刷	大日本印刷株式会社
製本	新風製本株式会社

定価はカバーに表示。落丁本・乱丁本はお取替えいたします。

- 現代用語の基礎知識 学習版 ── 1500円
- 2ケタ×2ケタが楽しく解けるニコニコ暗算法 ── 小杉拓也 1000円
- 夜行列車の記録 ── 高田康裕／荒川好夫 1890円
- スーパーマンその他大勢 ── 谷川俊太郎／桑原伸之 1800円
- 白いからす ── ほんまわか／絵・文 1575円
- さくらのさくらちゃん ── 中川ひろたか／植垣歩子 1365円
- あしたは だれに あえるかな ── 中川ひろたか／おくはらゆめ 1365円
- ぼくたち こども宣言 ── 中川ひろたか／田中靖夫 1365円
- お父さんが教える 読書感想文の書きかた ── 赤木かん子 1470円
- お父さんが教える 自由研究の書きかた ── 赤木かん子 1470円

（消費税込、2012年3月現在）

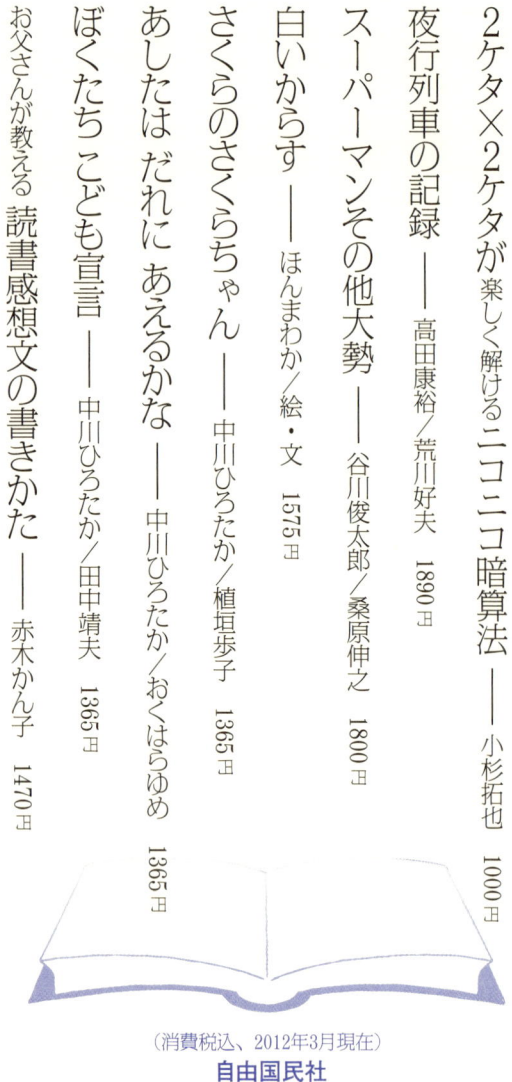

自由国民社